海洋油气管道缺陷与泄漏探测技术导论

胡国后　主编

HEUP 哈爾濱工程大學出版社

内容简介

本书对海底管道的内检测及外检测方法进行了介绍，对管道损伤检测的各种方法进行了研究，讨论了管道泄漏的检测和监测方法，分析了各种基于软件和硬件的检测和监测方法的工作原理、技术特点和适用范围，分析了各种方法的优缺点及适用环境，并进行了详细的比较。

本书可供从事海管维护与修理的相关工作人员参考使用。

图书在版编目(CIP)数据

海洋油气管道缺陷与泄漏探测技术导论/胡国后主编.
—哈尔滨:哈尔滨工程大学出版社，2015.7
ISBN 978-7-5661-0935-4

Ⅰ.①海… Ⅱ.①胡… Ⅲ.①海上输油系统-石油管道-管道检测-缺陷检测②海上输油系统-石油管道-管道检测-泄漏检测 Ⅳ.①TE973.6

中国版本图书馆CIP数据核字(2015)第176288号

封面设计　恒润设计
责任编辑　张淑娜

出版发行　哈尔滨工程大学出版社
社　　址　哈尔滨市南岗区东大直街124号
邮政编码　150001
发行电话　0451-82519328
传　　真　0451-82519699
经　　销　新华书店
印　　刷　哈尔滨市石桥印务有限公司
开　　本　787mm×1092mm　1/16
印　　张　6
字　　数　155千字
版　　次　2016年1月第1版
印　　次　2016年1月第1次印刷
定　　价　21.00元
http://www.hrbeupress.com
E-mail:heupress@hrbeu.edu.cn

前　　言

管道运输是油气运输的主要方式,近年来随着近海油气资源的开发和利用,海底管线工程建设日益增多。管道在其运行过程中,由于自然、人为等多方面原因,泄漏事故时有发生,造成了重大的经济损失和严重的环境污染。为了减少和避免油气泄漏带来的经济损失和环境污染,就必须对管道进行及时的损伤检测和泄漏探测。因此这一技术已经成为保障海洋油气工业安全生产而迫切需要解决的问题,并且引起了世界各国的重视。

由于海底管道损伤和泄漏产生的原因较为复杂,且不同的海底管道所处的环境也不尽相同,因此在选择对海底管道进行缺陷与泄漏的检测或监测技术时需要做出具有针对性的选择,选出最适合的技术和方法。

长久以来,随着科技的进步,海底管道缺陷与泄漏的检测和监测技术已经发展出多种检测方法,根据不同的分类形式,可以分为以下几种:根据与管道的相对位置,可以分为外部探测技术和内部探测技术;根据作用机理不同,可以分为声、光、电、磁、涡流等检测;根据其操作方法,可以分为自动检测和人工检测;根据主要功能模块的不同,可分为基于硬件和基于软件的检测和监测技术。本书中将这些技术统称为探测技术。本书所介绍的技术绝大部分都可用于海底管道,同时也介绍了部分可用于登陆管道和柔性立管的技术。

本书按不同的检测机理,对海底管道的内检测及外检测方法进行了介绍,对管道损伤检测的各种方法进行了深入的研究,讨论了管道泄漏的检测和监测方法,详细分析了各种基于软件和硬件的检测和监测方法的工作原理、技术特点和适用范围,分析了各种方法的优缺点及适用环境并进行详细的比较,且对其可行性进行了研究分析,为工程的实际应用提供了依据。

编　者

2015 年 2 月

目　　录

第一章　磁场监检测方法

采用磁场原理进行探伤是一种通过磁力在缺陷附近漏磁场中的堆积以检测铁磁性材料表面或近表面处缺陷的一种无损检测方法。

铁磁性材料被磁化后，其内部会产生很强的磁感应强度，磁力线密度增大到几百倍到几千倍，如果材料中存在不连续性，磁力线会发生畸变，部分磁力线有可能逸出材料表面，从空间穿过，形成漏磁场，漏磁场的局部磁极能够吸引铁磁物质。

磁力探伤中对缺陷的显示方法有多种，有用磁粉显示的，也有不用磁粉显示的。用磁粉显示的称为磁粉探伤，因它显示直观、操作简单，故它是最常用的方法之一。不用磁粉显示的，习惯上称为漏磁探伤，它常借助于感应线圈、磁敏管、霍尔元件等来反映缺陷。它比磁粉探伤更卫生，但不如前者直观。本章我们主要介绍漏磁检测技术。

第一节　漏磁内检测技术

漏磁(Magnetic Flux Leakage，MFL)法是目前最成熟也是最常用的油气管道金属损失缺陷的在线检测方法。漏磁法能够有效地检测出由于腐蚀或者划伤引起的金属损失，此外，漏磁有时也能检测冶金缺陷。

早在1868年，漏磁技术就被英国的海军建筑师协会应用。那时缺陷的磁化现象在大炮的炮管上用罗盘发现。1918年，Hoke偶然发现钢铁中的缺陷附近磁通会发生扰动，但是由于磁化技术的限制以及缺乏适用的实验材料，直到1930年Watts才第一次应用漏磁技术来检测钢管焊缝的质量。随后，该方法开始在工业生产中得到实际应用。1932年，D. Torset深入研究了磁粉探伤技术。1933年Stumm采用磁力计首次测量缺陷漏磁通获得成功。

一、检测原理

漏磁检测(Magnetic Flux Leakage Testing，MFLT)是指铁磁材料被磁化后，其表面和近表面缺陷在材料表面形成漏磁场，通过检测漏磁场以发现缺陷的无损检测技术。

当用磁饱和器磁化被测的铁磁材料时，若材料的材质是连续、均匀的，则材料中的磁感应线将被约束在材料中，磁通是平行于材料表面的，几乎没有磁感应线从表面穿出，被检表面没有磁场。但当材料中存在着切割磁力线的缺陷时，材料表面的缺陷或组织状态变化会使磁导率发生变化。由于缺陷处的磁导率很小，磁阻很大，使得磁路中的磁通发生畸变，磁感应线会改变途径。除了一部分的磁通会直接通过缺陷或是在材料内部绕过缺陷外，还有部分磁通会离开材料的表面，通过空气绕过缺陷再重新进入材料，在材料表面缺陷处形成漏磁场。我们则可以通过磁敏感传感器检测到漏磁场的分布及大小，从而达到无损检测的目的，如图1.1.1所示。

漏磁检测系统的磁化方法在漏磁检测中起着重要的作用，它影响被检测对象的磁场信号。从磁化的范围来看，可分为局部磁化和整体磁化；从磁化所用的励磁源来看，可分为交

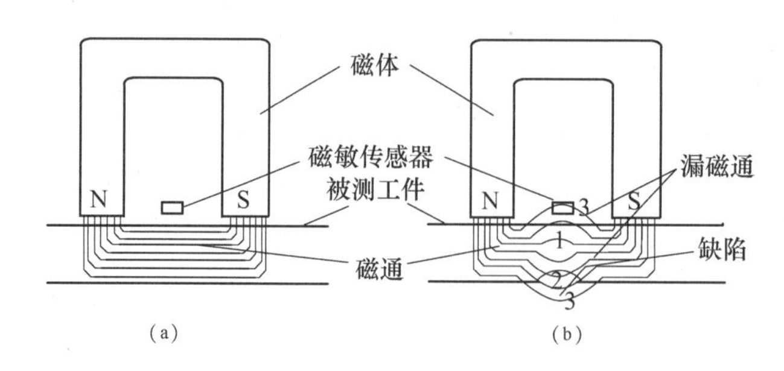

图 1.1.1 漏磁检测工作原理图

(a)无缺陷;(b)有缺陷

变磁场磁化方法、直流磁场磁化方法和永久磁铁磁化法。交变磁场磁化方法以交流电激励电磁铁进行磁化,电流频率的增高,磁化的深度减小,磁化后铁磁性材料不会产生剩磁,不需要退磁;直流磁场磁化方法以直流电激励电磁铁产生磁场进行磁化,磁化的强度可以通过控制电流来实现;永久磁铁磁化法以永久磁铁作为励磁源,其效果相当于固定直流磁化。永久磁铁可以采用稀土永磁、铝镍钴永磁等,一般采用稀土永磁,它磁能高,体积小。采用直流磁化和永久磁化都会产生剩磁,退磁与否根据具体要求而定,对检测速度参数没有特定的要求。磁化强度的选择一般在于以确保检测灵敏度和减轻磁化器使缺陷或结构特征产生的磁场能够被检测到为目标。

二、漏磁内检测仪器

漏磁内检测技术主要是通过漏磁检测爬行器来实现对管道进行全面检测的。MFL 爬行器是较大的内部检测工具,包括电磁体(或者永久磁体)、检测器、记录装置及电源。管道爬行器在压力流体的推动下,以 1 ~5 m/s 的速度通过管道。磁体必须足够强以至能够完全磁化管道壁,在缺陷区域磁场变形。检测器就像包含在磁体内部的一个环,它根据管道壁磁场的强度和扭曲变化率而发生倾斜,工作原理见图1.1.2。检测器把数据传送到管道爬行器内部的记录部分,最后从记录部分下载数据进行分析来检测腐蚀。

磁通检测爬行器,根据敏感性和分辨率进行分类。所有的磁通爬行器都能够检测到多于管道壁厚 30% 的腐蚀。低分辨率的磁通爬行器价格低,能够检测的最小缺陷是 1 cm^2。高分辨率的能够检测到更小的腐蚀区域,但是对管道壁厚度的检测敏感性没有显著的提高。缺陷的几何尺寸能够影响检测器的敏感性,边缘尖锐的缺陷使磁通量产生大的弯曲,造成检测到的腐蚀量比实际的大;边缘圆滑的缺陷磁通量弯曲小,造成检测到的腐蚀量比实际的小。

漏磁内检测的成本与选择的磁通爬行器分辨率有关。低分辨率的磁通爬行器价格低,高分辨率的能够检测到更小的腐蚀区域,价格要高些。据加拿大某内检测公司的统计,低分辨率的漏磁内检测大约每千米 1 000 美元,能检测到腐蚀深度大于 25% 壁厚和直径大于 10 mm 的缺陷;高分辨率的漏磁内检测大约每千米 4 000 美元,能检测到腐蚀深度大于 10% 壁厚和直径接近 5 mm 的缺陷。

因为传感器和管道壁之间不需要耦合介质,所以磁通检测爬行器能用于各种类型的管道。尽管能够在脏的管道内进行检测而敏感性损失较少,但是内部污垢必须去除。磁通爬行器不能够检测氢蚀裂纹和外部的疲劳裂纹。图 1.1.3 和图 1.1.4 分别为漏磁检测爬行器装置图和实物图。

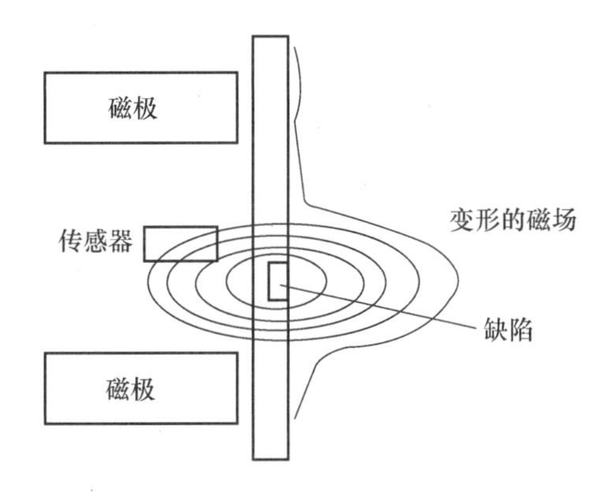

图 1.1.2　工作原理图

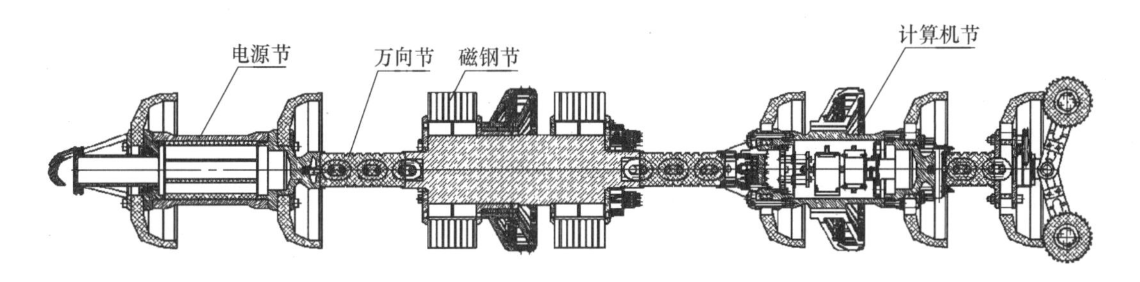

图 1.1.3　漏磁检测爬行器装置图

图 1.1.4　漏磁检测仪器实物图

漏磁内检测仪器的主要优点是能够提供整条管道的信息,并且最小限度地减少对管道运行的影响。尽管能够给出较小腐蚀的迹象,但只能精确地给出金属损失超过管道壁厚20%的腐蚀量。磁通爬行器不能检测比较小的点蚀,并且腐蚀区域的几何形状影响检测精度。该方法不能检测纵向裂纹,检测的性价比较高。

三、技术特点

用漏磁内检测技术检测输油管线时,要求在检测前进行清管处理。另外,漏磁内检测对管线的转弯直径也有要求。以 GE 公司生产的清管器为例，要求管线转弯直径至少要达到1.5D以上。

1. 优点

漏磁内检测技术的优点在于对管道输送的介质不敏感，可以用于气体、液体或多项流体管道中。由于漏磁场检测是用磁传感器检测缺陷，因此较之磁粉、渗透等方法，有很多优点。

(1)漏磁检测主要是传感器获得信号，计算机进行处理判断，易于实现自动化。

(2)相对于磁粉和渗透到肉眼观察，这有更高的检测可靠性和检测精度，可以从根本上解决磁粉、渗透方法中人为因素的影响。

(3)可以实现缺陷的初步量化。

(4)高效、无污染，以及自动化检测，因此可以获得很高的检测效率。

(5)在管道检测中，在厚度达到 30 mm 的壁厚范围内，可以同时检测内外壁缺陷。

(6)对人体及环境无害，可做现场检测。

(7)具有较高的检测可靠性，漏磁场检测不需要耦合剂(Coupling Medium)，可以兼用于输油管道和输气管道。

2. 缺点

漏磁内检测技术也存在一定的局限性。

(1)漏磁检测器产生的信号不仅与管道缺陷的严重程度有关，还与管道缺陷的几何形状有关，这就使得腐蚀不严重但边缘陡峭的局部腐蚀所产生的信号比腐蚀严重但边缘平滑的腐蚀的所产生的信号强。这要求对信号进行准确的解释，以确切评价腐蚀的程度。

(2)适应的最大壁厚与管径有关。这是因为，管径越小，漏磁量就越少。对于较小直径的管道，适应的最大壁厚为 12 ~ 15 mm；对于较大直径的管道，适应的最大壁厚为 40 mm。

(3)检测的精度与管壁厚度有关。漏磁检测器的检测精度随壁厚的减少而提高。最大的局限在于作业难度高，存在相当的卡堵风险。

四、检测作业指标

漏磁内检测仪器的主要优点是能够提供整条管道的信息，并且最小限度地减少对管道运行的影响。尽管能够给出较小腐蚀的迹象，但只能精确地给出金属损失超过管道壁厚20%的腐蚀量。磁通爬行器不能检测比较小的点蚀，并且腐蚀区域的几何形状影响检测精度。该方法不能检测纵向裂纹，检测的性价比较高。具体的技术指标如下表 1.1.1 所示。

由于漏磁信号和缺陷之间是非线性关系，管壁的受损情况需通过检测信号间接推断出来，其检测精度相对于超声波检测法较低，适用于最小腐蚀深度为 20% ~30% 壁厚的腐蚀状况检测。该方法要求传感器与管壁紧密接触，由于焊缝等因素的影响，管壁凹凸不平，使上述要求有时难以达到。同时由于在测量前必须将管壁磁化，因此漏磁通法仅适合薄管壁。

表 1.1.1 技术指标

项目名称	技术指标
轴向采样距离	2 mm，当采样时间确定时，采样距离随检测速度而变化
周向传感器间距/mm	8 ~ 17

表 1.1.1(续)

项目名称	技术指标	
最小检测速度	0.5 m/s(采用导电线圈);没有要求(采用霍尔元件)	
最大检测速度/(m/s)	4 ~ 5	
宽度检测精度(周向)/mm	10 ~ 17	
长度(轴向)、深度检测精度	一般腐蚀	最小深度:0.1δ 深度检测精度: $\pm 0.1\delta$ 长度检测精度: ±20 mm
	坑状腐蚀	最小深度:$(0.1 \sim 0.2)\delta$ 深度检测精度: $\pm 0.1\delta$ 长度检测精度: ±10 mm
	轴向沟槽	最小深度:0.2δ 深度检测精度:$(-0.15 \sim 0.1)\delta$ 长度检测精度: ±10 mm
	周向沟槽	最小深度:0.1δ 深度检测精度:$(-0.1 \sim 0.15)\delta$ 长度检测精度: ±15 mm
定位精度	轴向(相对于最近环焊缝): +0.1 mm 周向: ±5°	
可信度(%)	80	

第二节　漏磁外检测技术

漏磁外检测除能发现外表和近外表裂纹性质的缺陷外,还能够从外部发现内部的腐蚀坑等缺陷。漏磁外检测由于不受管道内部流动介质的影响,因此可以在离线和在线状态下进行。

一、基本原理

当用磁饱和器磁化被测的铁磁材料时,若材料的材质是连续、均匀的,则材料中的磁感应线将被约束在材料中,磁通是平行于材料的表面的,几乎没有磁感应线从表面穿出,被检表面没有磁场。但当材料中存在着切割磁力线的缺陷时,材料表面的缺陷或组织状态变化会使磁导率发生变化。由于缺陷处的磁导率很小,磁阻很大,使得磁路中的磁通发生畸变,磁感应线会改变途径。除了一部分的磁通会直接通过缺陷或是在材料内部绕过缺陷外,还有部分磁通会离开材料的表面,通过空气绕过缺陷再重新进入材料,在材料表面缺陷处形成漏磁场。我们则可以通过磁敏感传感器检测到漏磁场的分布及大小,从而达到无损检测的目的。

二、漏磁外检测仪器

漏磁外检测需要人工操作或需要搭载装置,主要适合于局部开挖管道的验证或立管检测,或者管道涂层小于 8 mm 的管线,当管线涂层较厚,需要去除表面的防腐涂层。漏磁外检测设备一套大约几十万人民币。

1. GIP(Geometric Inspection Pigs)外部漏磁检测器

PSI(Pipeline Services International)公司基于漏磁原理,开发出一种可以用于管道外部检测的设备(GIP)。GIP 外部漏磁检测器可以安装在管道外部,不需要清管就可以进行漏磁检测。它可以用于油库、码头、炼油厂、化工厂等领域,以及一些在线检测运行成本较高的领域。GIP 可以用于海底管道,并能得到和陆地上检测同样的结果数据。数据质量可以实现在线实时监测,以避免重新检测,并且严重缺陷可以同时得到标记。图 1.2.1 为漏磁外检测仪器工作图。

图 1.2.1 漏磁外检测仪器工作图

此检测方法克服了内检测的卡堵风险,并降低了作业难度。其缺陷在于该设备在对管道进行外部检测时,需要清除管道表面的防腐涂层,是一种非原位检测技术。因此这种检测方法只适合于局部开挖管道的验证或立管检测。

2. Pipescan MFL 管道检测设备漏磁设备

英国 Silverwing 公司的 Pipescan MFL 管道检测设备是另外一套商用的漏磁管道腐蚀检测系统,如图 1.2.2 所示。该系统以漏磁原理为基础,具有操作简单、检测高效、方便携带等优点,该系统配有最新的磁性材料、独特机械设计的扫描探头,其可覆盖管径 48 ~ 2 400 mm 的管道。运用漏磁技术不论是进行离线检测还是在线检测都不受管道内部流动介质的影响。检测时,检测管道表面的温度可达 90 ℃。

三、技术特点

漏磁外检测技术对管道输送的介质不敏感,可以用于气体、液体或多项流体管道中。此检测方法的优点就是克服了内检测的卡堵风险,并降低了作业难度。但是有研究表明,该技术还有一些欠缺之处。在检测过程中应尽量保持匀速进行,速度的不同会造成漏磁信号形状上的不同,但一般不至于造成误判。突然加速或减速运动时,由于电磁感应的作用会带来涡流噪声。管道漏磁腐蚀检测器在油管道内运行的最佳运行速度为 1 m/s,Pipescan 探头最佳扫描速度为 450 mm/s。压力管道表面的油漆等涂层的厚度对检测的灵敏度影响非常大,随着涂层厚度的增加,检测灵敏度急剧下降。从目前的仪器性能来看,当涂层厚度≥6 mm时,已经无法获得有效的缺陷识别信号了,需要清除管道表面较厚的防腐涂层,此

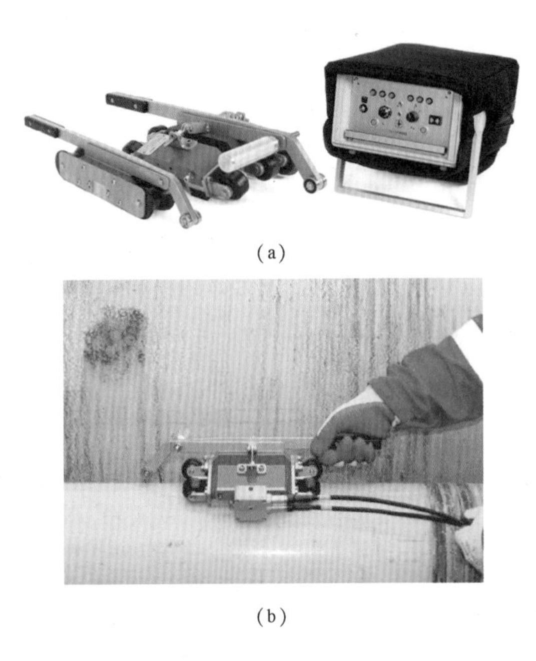

(a)

(b)

图 1.2.2 Pipescan 仪器及工作图

(a) Pipescan 仪器;(b) Pipescan 仪器工作图

时就成为一种非原位检测技术。因此这种检测方法只适合于局部开挖管道的验证或立管检测以及压力罐体的检测。

四、检测作业指标

Pipescan MFL 管道检测设备漏磁设备的关键特征:

(1)缺陷检测灵敏度高;

(2)检测管径范围:2 英寸①到平板;

(3)最大壁厚可达 30 mm;

(4)最大可穿透 8 mm 的涂层;

(5)最高检测温度可达 170 ℃;

(6)检测速度 20 m/min;

(7)能够区分内部缺陷和外部缺陷,能够检测小于 10% 的壁厚损失(取决于壁厚)或大于 ϕ3 mm 的缺陷;

(8)可以检测不同材质(碳钢、不锈钢、双相钢或超级双相钢);

(9)能够检测点状腐蚀、裂纹和各种类型的腐蚀,例如 CO_2、微生物、含盐氯化物腐蚀、沉积腐蚀等;

(10)能够检测水平、垂直管道的内部和外部缺陷;

(11)检测前只需最小程度的表面处理。

① 1 英寸 = 2.54 cm

第三节　非接触式磁力层析法(MTM)

一、基本原理

钢、铁属于铁磁材料,其自身的磁场状况与材料的应力水平密切相关。在天然磁场中铁磁材料的应力异常区域(包括缺陷、受外力等)其磁场分布也表现出异常(如图 1.3.1 所示),而磁场的异常是可测的。

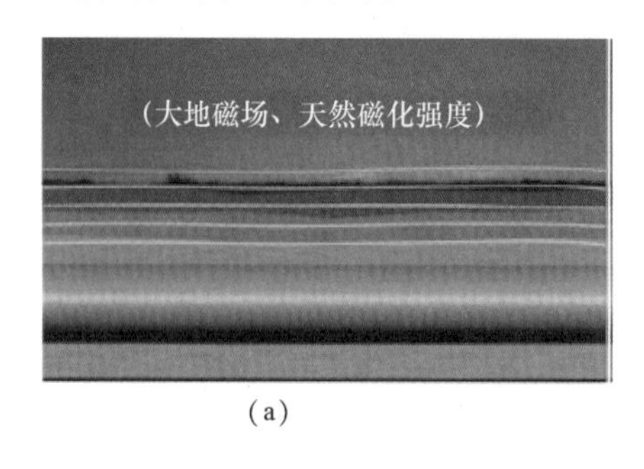

(a)

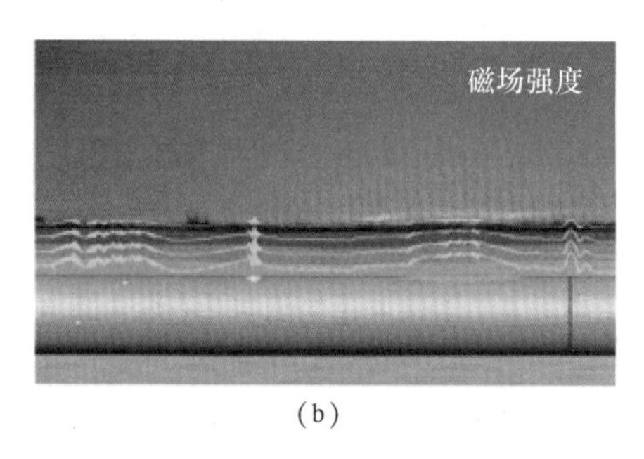

(b)

图 1.3.1　磁场分布图

(a)天然磁化;(b)磁化后

通过对接收到的管道磁场异常信号的反向解算,得到管道自身的应力状态。根据得出的综合指数,对管道缺陷进行评估、分级。图 1.3.2 为 MTM 检测图。

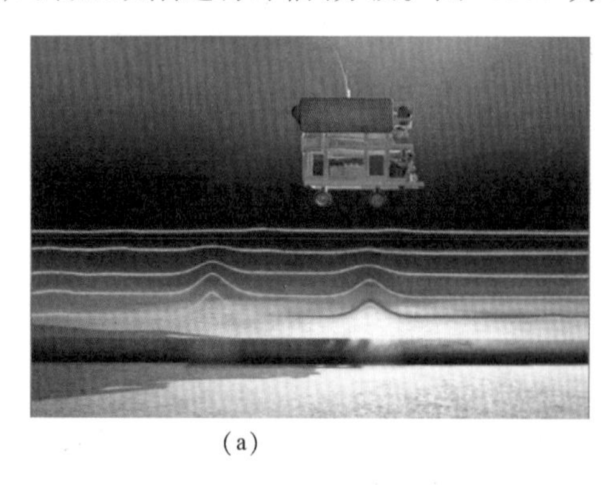

(a)

(b)

图 1.3.2　MTM 检测图

(a)水下管道 MTM 检测图;(b)陆地管道 MTM 检测图

二、检测仪器

MTM 检测的作业条件:无流速、管径、弯管曲率半径、压力、流动介质等方面的限制。一般可以在距离管道 15*D* 的距离对管道进行检测,这与管道运行压力有关,检测海底管道时,需要搭载 ROV,作业条件受 ROV 及船舶作业条件限制。

1. 普通检测使用的主要设备

(1)管道路径探测器(POISK/AMS);

(2)无接触式扫描磁力计(MBS - 04 SKIF);

(3)便携式里程表(ODA);

(4)声呐探测器(EHO);

(5)金属磁记忆检测器(MMM);

(6)超声波探伤仪、测厚仪;

(7)专用软件与分析系统。

2. 水下非接触式磁力层析法(MTM)检测系统

水下非接触式磁力层析法(MTM)检测设备如图 1.3.3、图 1.3.4 所示,图中检测必备组件包括:

(1)磁场传感器;

(2)远程控制相机;

(3)推进装置;

(4)光源。

图 1.3.3　水下非接触式磁力层析法(MTM)使用设备

使用磁力层析法无须为管道配备铸铁发送器或收集器,无须清理管道,无须对管道内表面进行准备工作,同时也不影响管道正常工作,其成本远远低于常规检验成本。比如使用该方法和智能 PIG 同时对长度为 6.6 km,直径为 219 ~ 720 mm 的管道进行探测,MTM 和智能 PIG 的检测费用分别为 1 万美元和 7.6 万美元,如果加上道路修复等费用,总费用分别为 2.2 万美元和 16.4 万美元。这一个示例就说明 MTM 方法节省了 14.2 万美元的费用,当然这种工作成本因位置不同而有所变化。水下 MTM 检测还需考虑 ROV 等费用。

三、检测对象

MTM 方法的检测对象为铁磁材料制成的管道及其他结构物。检测内容主要是检测制造缺陷、施工缺陷、在役缺陷,并进行定位等。其包括以下几个方面:

(1)金属损失缺陷(任何性质的内外腐蚀、划痕等机械缺陷);

(2)金属分层、叠层、卷边等;

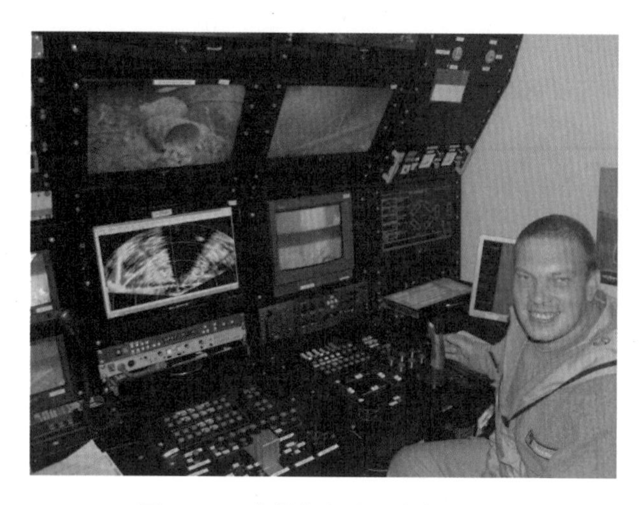

图 1.3.4 在操作室看到的检测图像

(3)垮塌、滑坡、温度等造成的屈曲变形;

(4)防腐层缺陷;

(5)裂纹;

(6)焊缝缺陷。

如图 1.3.5 所示操作导航设备和检查的对象,可能会阻止水下 MTM 收集数据。检测作业指标以 TRANSCOR 公司生产的测试装置为例,可探测的最小缺陷长度大于 10 mm;可测缺陷开口 300 μm;可测缺陷深度大于 5% 管道壁厚;能探测到在压力下工作、带有任何保护形式的地下或水下铁磁管道的裂纹探测和横截面金属损失;探测速率 2 m/s 以上;工作温度范围 -25 ~ +45 ℃;管道直径范围 56 ~1 420 mm,壁厚范围 2.8 ~22 mm。

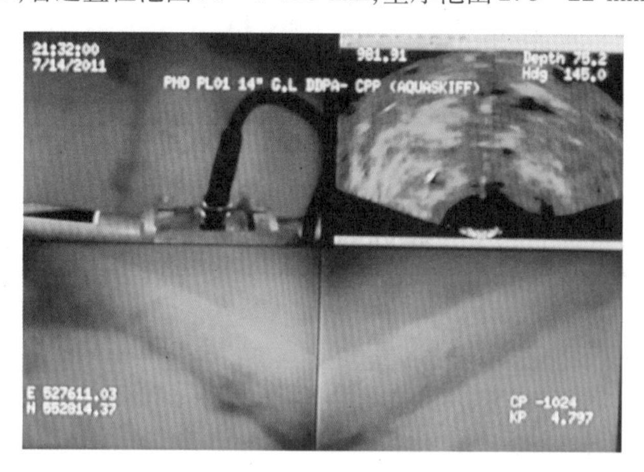

图 1.3.5 操作导航设备和检查对象对检测的影响

四、技术特点

1. 非接触式磁力层析法的特点

(1)非接触式检测。可以在距离管道 15D 的距离对管道进行检测,是一种无接触、无损式检测。

（2）设备轻便。被动式接收信号，无须对管道施加任何激励或做任何处理。因其没有激励机，故设备轻便，便于携带、搭载。

（3）可用于不可通球管道的检测。该方法可用于解决不可通球海底管道的检测难题。

（4）MTM 能保证缺陷检测的准确率。在压力处于 30% ~85% 的额定最小强度范围内，MTM 缺陷检测率不低于 80%。

2. MTM 的局限性

如果出现以下问题，MTM 技术就会有局限性或者不能使用：

（1）管道剩余磁化强度较高；

（2）异常区域的压力大于屈服强度；

（3）磁场传感器和管道之间存在磁性物质。

第四节　接触式磁力层析法

前面所述磁力层析法是一种非接触式的管道检测手段，除此外还有采用精密传感器的接触式 MTM。接触式磁力层析法同样以大地磁场为工作媒介，采用环形布置的高精度传感器对管道进行 360°全面检测。作为无源检测方法，它可以在不破坏管道防腐外涂层的情况下对管道实施缺陷、穿孔检测，是一种原位检测技术，可以实现检测数据的实时展示。研究文献显示，该方法可以检测套管。

一、基本原理

钢、铁属于铁磁材料，其自身的磁场状况与材料的应力水平密切相关。在天然磁场中铁磁材料的应力异常区域（包括缺陷、受外力等）其磁场分布也表现出异常，而磁场的异常是可测的。

通过对接收到的管道磁场异常信号的反向解算，得到管道自身的应力状态。根据得出的综合指数，对管道缺陷进行评估、分级。

二、检测仪器

接触式磁力层析法，在使用时无流速、管径、弯管曲率半径、压力、流动介质等方面的限制，与管道直接接触进行检测。

接触式磁力层析法检测设备如图 1.4.1 所示。

接触式磁力层析法的检测对象为铁磁材料制成的管道及其他结构物。检测内容主要是制造缺陷、施工缺陷、在役缺陷，并进行定位。其包括：

（1）金属损失缺陷（任何性质的内外腐蚀、划痕等机械缺陷）；

（2）金属分层、叠层、卷边等；

（3）垮塌、滑坡、温度等造成的屈曲变形；

（4）防腐层缺陷；

（5）裂纹；

（6）焊缝缺陷。

使用接触式磁力层析法无须为管道配备铸铁发送器或收集器，无须清理管道，无须对

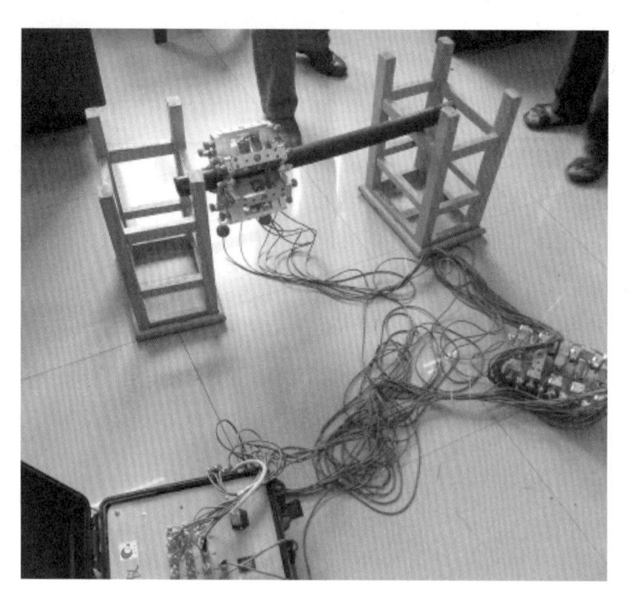

图 1.4.1 接触式磁力层析检测设备对连续油管检测

管道内表面进行准备工作，同时也不影响管道正常工作，其成本大大低于常规检验成本，该检测设备大约为十几万元人民币。

三、技术特点

作为无源检测方法，该方法可以在不破坏管道防腐外涂层的情况下对管道实施缺陷、穿孔检测，是一种原位检测技术，可以实现检测数据的实时展示。

四、检测作业指标

接触式磁力层析法检测作业指标与非接触式 MTM 基本相同，所以以 TRANSCOR 公司生产的测试装置为例来说明。其可探测的最小缺陷长度大于 10 mm；可测缺陷开口 300 μm；可测缺陷深度大于 5% 管道壁厚；能探测到在压力下工作、带有任何保护形式的地下或水下铁磁管道的裂纹探测和横截面金属损失；探测速率 2 m/s 以上；工作温度范围 -25 ~ +45 ℃；管道直径范围 56 ~ 1 420 mm，壁厚范围 2.8 ~ 22 mm。

第二章　电场监检测方法

第一节　管中电流法(PCM)

一、基本原理

PCM 管道定位及防腐层检测技术,是通过埋地管道信号的衰减量,来判断防腐层的破坏程度。

将发射机与管道连接,由 PCM 大功率发射机向管道发送近似直流的信号电流(在非常低的频率上(4 Hz)管线电流衰减近似直线),便携式接收机能准确地探测到经管道传送的这种特殊信号。跟踪和采集该信号,输入微机,便能测绘出管道上各处的电流(如图2.1.1所示)。分析电流变化,实现对管道防腐层质量的评估。

电流强度随着管道距离的增加而衰减,在管径、管材、土壤环境不变的情况下,管道防腐层绝缘性能变差或有漏点存在时,施加在管道上的电流衰减就越严重。通过分析电流的衰减,从而实现对防腐层破损状况的评估。

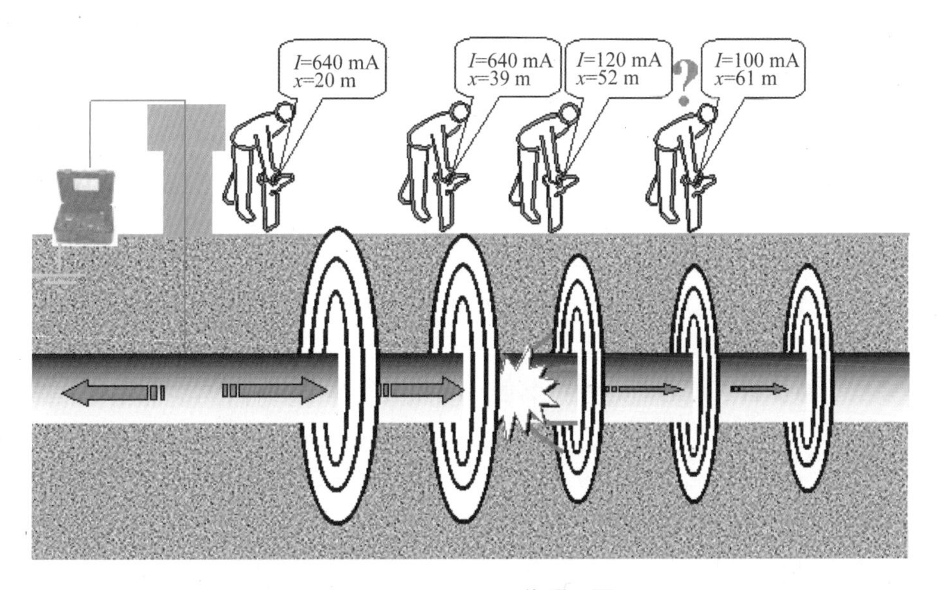

图 2.1.1　PCM 工作原理图

二、检测仪器

PCM 检测技术可以检测长输埋地管线及海洋油气管线的登陆管段。

交流电流衰减法适用于除钢套管、钢丝网加强的混凝土配重层外，远离高压交流输电线地区，任何交变磁场能穿透的覆盖层下的管道外防腐层质量检测。

交流电流衰减法的理论依据是“线传输函数”。将信号输入管道，理论上可视为单线－大地回路，电流沿管道纵向逐渐衰减，衰减率与防腐层质量优劣有关。该方法通过测取感应电流沿管线纵向传输系统的衰耗和给定参数值（其中包括管道与地的分布电容 C、管道分布电感 L）计算出防腐层绝缘电阻，来判断管道外防腐层的好坏，同时该系统具备探管功能。

图 2.1.2 所示为 PCM 设备实物图。

图 2.1.2　PCM 设备实物图

通常采用 PCM 检测的费用较低，能精确地评估管道的防腐层状况，不需要开挖。普通环境下，大概检测费用为每千米 3 000 ~ 4 000 元人民币。

三、技术特点

PCM 的系统特点为：

（1）由便携式发射机和手提式接收机组成，发射机馈送一种接近直流的信号电流给管道；

（2）接收机对沿管道传送的这种特殊信号电流进行探测，并显示出信号电流的强度和方向；

（3）即使在管道与其他金属结构接触，或有干扰，或管道拥挤的情况下，都能准确、容易地对管道进行定位，并绘制管线图；

（4）能给出管道上电流的分布和电流的方向，该电流实际上就是管道上的 CP 电流；

（5）精确地评估管道的防腐层状况；

（6）降低虚假指示，减少不必要的开挖；

（7）提供数据记录，并通过蓝牙和 PDA 或 PC 连接现场审视图形；

（8）配上 A 字架，精确定位防腐层破损点；

（9）减少了工作和维修费用，提高测量速度；

(10)操作者不需完成“电流跨度”,不需手工计算,就可以确定沿管道传播的 CP(阴极保护)电流。

四、检测作业指标

1. 测绘模式

(1)ELF:超低频 4 Hz + 128 Hz/98 Hz。

(2)LF:低频 640 Hz/512 Hz/8 kHz,电池供电发射机的标准定位频率。

注意:电流方向只在 PCM 测量下显示,在定位模式下,不显示。

2. 定位模式

(1)探测 50 Hz/60 Hz 电力电缆。

(2)CPS:探测整流器产生的 100 Hz/120 Hz 波纹。

(3)8 kHz:电池供电发射机的标准定位频率。

3. 接收机功能

(1)动态范围: 140 dB。

(2)选择性: 120 dB/Hz。

(3)发射机工作范围: 30 km。

(4)深度探测精度: 3 m,2.5%;10 m, ± 5%(良好条件)。

(5)电流精度: ± 2.5%。

(6)定位精度: ± 2.5%(深度)。

(7)质量: 3.3 kg。

(8)电池: 2 节 D 号(碱性或镍氢)。

(9)环境: IP54。

4. 峰/谷值功能

(1)精确定位目标管线。

(2)峰/谷值可选。

(3)增益控制(自动或手动)。

5. 发射机 PCM

(1)电流方向(CD)识别出去电流的方向,和 A 字架使用定位故障点。

(2)三个挡位旋钮可选下列频率。

①ELF:电流记录最大范围 4 Hz + 98 Hz/128 Hz。

②ELCD:带 CD 的标准电流记录(4 Hz + 8 Hz)98/128 Hz。

③LFCD:相对 ELCD 而言,深度、定位、电流更精确。操作距离较短(4 Hz + 8 Hz)CD + 512 Hz/640 Hz * 4 Hz 测绘电流始终存在。如果在拥挤区域进行故障查找,可选择定位频率和电流方向频率。

(3)环境: NEMA 3R 和 IP55 开盖;NEMA 6 和 IP67 盖上。

6. 电流选择

选择以下 4Hz 电流:100 mA, 300 mA, 600 mA, 1 A, 2 A, 3 A。

发射机使用中,除非输入功率达到极限,被选电流将处于恒定状态。

A 字架用来探测地下管线和电缆的外皮破损。(含 PCM + 连接线)

第二节　区域信号检测技术

一、基本原理

这种技术是电阻监测技术的发展,把接线柱以一定的间隔焊接在线轴上。这些接线柱用导线和电压表相连接。当在接线柱阵列的上下游管道上通大电流时,接线柱之间的电压就能被检测,然后转化为金属的厚度。

二、检测仪器

区域信号检测技术可以检测不锈钢、碳钢等可以导电的金属管道或者海洋管道的登陆段。该技术主要用于登陆管道,作业条件要求可以对管道施加电流,并能检测出各接线柱之间的电压。

采用区域信号检测技术,在普通环境,检测费用约为每千米 3 000 ~ 4 000 元人民币。

三、技术特点

区域信号检测的特点如下:

(1)没有元件暴露在腐蚀、磨蚀、高温和高压环境;

(2)没有将杂物引入管道的危险;

(3)不存在监测部件损耗的问题;

(4)进行装配或发生误操作时没有泄漏的危险;

(5)敏感性和灵活性比大多数非破坏性试验好;

(6)多接线柱和电流的输入将限制安装位置,因此在安装时要考虑获得数据的价值和安装费用之间的平衡。

第三节　ACVG 检测技术

一、基本原理

海洋管道登陆段外防腐层破损点检测可以采用交流地电位梯度法(ACVG)进行。交流地电位梯度法是采用交流电流衰减法(PCM)与交流地电位差测量仪(A 字架)配合使用,通过测量土壤中交流地电位梯度的变化,用于埋地管道防腐层破损点的查找和准确定位。

1. ACVG 的测量方法

(1)发射机的连接。与 PCM 测试中的连接程序相同。

(2)A 字架的连接。按照 PCM 使用说明书,将 A 字架和接收机连接正确。

(3)沿线检测。沿管道移动接收器和 A 字架,每隔 3 ~ 5 m 将 A 字架电极插入土壤,两电极连线应平行于管道并处于管道正上方。观察接收器指示的 dB 值,如果 dB 值较低(一般小于30)、变化不稳,并且接收器破损点指示箭头前后变化,说明该处附近没有破损点;如果接收机dB值较大(一般大于30),并且接收器破损点指示箭头稳定,则说明箭头指示方向位置可能存在破损点。

(4)破损点定位。沿PCM接收机指示方向寻找破损点。当A字架前端电极越靠近破损点,接收机dB值越大;当A字架正好处于破损点正上方时,dB值最小;将A字架旋转90°,按照上述步骤进行复测,两次检测的电极连线焦点位置就是破损点的正上方。

2. ACVG原理

交流地电位梯度法(ACVG)原理是向管道施加一个特定的检测信号,信号沿管道传播,当管道的防腐层出现破损点或补口缺陷导致管体金属与管周土壤介质直接连通时,无论检测信号频率高低,信号电流都会从破损或补口缺陷点流入或流出管道,如图2.3.1所示。以流入或流出点为中心,在管道周围形成叠加的"点源"电场和"点源"磁场。利用A字架和接收器能够测量出破损点流出或流入电流时形成地电位梯度,显示的地电位梯度表示为微伏的dB值。观察接收器指示的dB值,如果dB值较低(一般小于30),变化不稳,并且接收器破损点指示箭头前后变化,说明该处附近没有破损点;如果接收机dB值较大(一般大于30),并且接收器破损点指示箭头稳定,则说明箭头指示方向位置可能存在破损点,如图2.3.2所示。

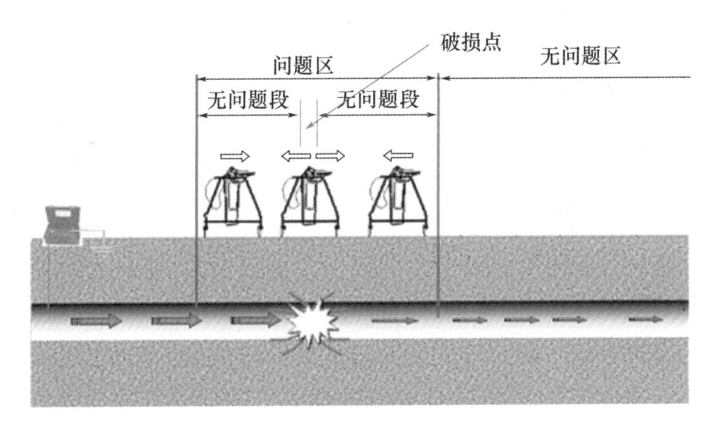

图2.3.1　ACVG检测原理图

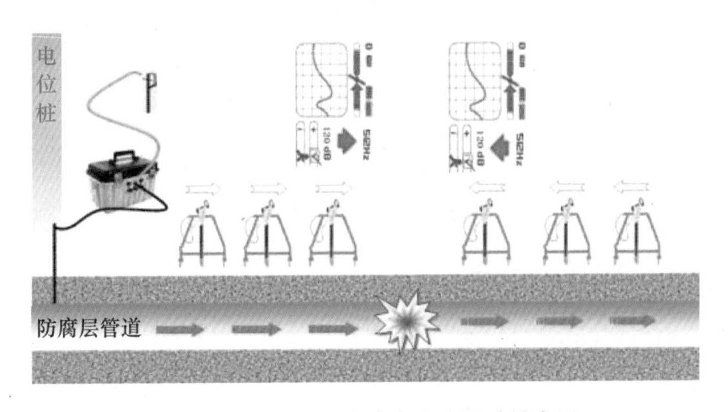

图2.3.2　ACVG法确定防腐层破损点图

接收机 dB 值能定性地判断管道破损点的大小,当管道的破损点大时,接收机读出的 dB 值也较大。

二、检测仪器

ACVG 检测系统与 PCM 检测系统相同。其基本原理是:由发射机向被测管道施加特定频率的交流电流信号时,如果管道防腐层出现破损,那么一部分信号电流就会从该破损处流出,并以破损处为中心形成一个立体的球形分布电场,在地面上用接收机对这个电场投影的电位梯度进行检测,从而确定漏电场中心位置,定出破损点的具体位置。一般位置偏差小于埋深的10%。

PCM 系统的 A 字架是用来测量两固定金属地针之间的电位差,检测时向管道中施加特定频率交流信号,检测人员在管道上方地面将 A 字架电极插入地表(泥土中),依据接收机显示的箭头方向和 dB 值(或电流值)的大小来判断破损点的确切位置和大小。

交流地电位梯度法(ACVG)采用埋地管道电流测绘系统(PCM)与交流地电位差测量仪(A 字架)配合使用,通过测量土壤中交流地电位梯度的变化,用于埋地管道防腐层破损点的查找和准确定位。对处于套管内破损点未被电解质淹没的管道,本方法不适用,另外下列情况会使本方法应用困难或测量结果的准确性受到影响:

(1)A 字架距离发射机较近;

(2)测量不可到达的区域,如河流穿越;

(3)外防腐层导电性很差的管段,如铺砌路面、冻土、沥青路面、含有大量岩石回填物。

通常采用 ACVG 检测方法,检测费用大概为每千米 3 000 ~4 000 元。

三、技术特点

ACVG 可以在防腐层的定量检测方面提供出完整的信息,评估防护层破损点严重程度从而为维修工作提供依据;进行精确的外防腐层破损点的定位,精确确定阳极地床的位置,具有更高的灵敏度和准确性。可以检测的范围包括:城市街道、穿河(沼泽)、高压线下的管道。ACVG 技术还能够检测复杂管网,如城市管网、工厂和储油库以及检测城市轨道铁路旁的埋地管线,直流电对 ACVG 技术没有影响。

1. ACVG 检测技术的优点

(1)能够精确定位管线的外防腐层破损点,管道防腐层破损处定位精度高(10 cm 内)。检测指示直观、易于操作。

(2)快捷的检测速度,高精度的检测结果,对操作人员的技术依赖性不大。

(3)可用于多数地面下的管道检测。

(4)独特的对数衰减输出,表明了检测点之间防腐状况的平均情况,所以不需对管道进行连续检测,检测点之间的距离可达数千米。对有疑问的管道段再进行精确检测,大大提高了检测效率。

(5)能精确检测出防腐缺陷、漏点。

2. ACVG 检测方法的缺点

(1)无法精确判断破损点的大小和严重程度,交流信号易受其他信号干扰;

(2)如管道存在保温层、套管,无法准确定位外防腐成破损点的位置;

(3)管道上方存在覆盖非导电体时,如石油沥青、水泥,无法进行检测。

四、检测作业指标

1. 发射机

(1)输出功率:0～120 W。

(2)输出模式:直连。

(3)工作频率:LF 低频。

(4)电源:24V20AH 电池组。

(5)工作时间:8 h 左右。

(6)质量:8.8 kg。

(7)外形尺寸:58 cm×28 cm×12 cm;

(8)质量认证:ISO9001:2008。

2. 探管仪

(1)接收频率:LF 低频。

(2)增益控制:手动增益,范围是 0～140 dB。

(3)定位精度:深度的 ±2.5%。

(4)测深精度:深度的 3%。

(5)测深范围:≤15 m。

(6)电源:7.4 V 锂电池组。

(7)工作时间:≥20 h。

(8)外形尺寸:165 cm×90 cm×68 mm。

(9)质量:0.6 kg。

(10)质量认证:ISO9001:2008。

3. 检测仪

(1)接收频率:LF 低频。

(2)增益控制:自动增益,范围是 0～140 dB。

(3)定位精度:≤5 cm。

(4)深度范围:≤15 m。

(5)电源:7.4 V 锂电池组。

(6)工作时间:≥20 h。

(7)质量:2.6 kg。

(8)质量认证:ISO9001:2008。

第四节　DCVG 检测技术

一、基本原理

在施加了阴极保护的埋地管线上,电流经过土壤介质流入管道防腐层破损而裸漏的钢管处,会在管道防腐层破损处的地面上形成一个电压梯度场。根据土壤电阻率的不同,电压梯度场的范围将在十几米到几十米的范围变化。对于较大的涂层缺陷,电流流动会产生200～500 mV 的电压梯度;缺陷较小时,也会有 50～200 mV。电压梯度主要在离电场中心较近的区域(0.9～1.8 m)。通常,随着防腐层破损面积越大和越接近破损点,电压梯度会变得越大、越集中。为了去除其他电源的干扰,DCVG 检测技术采用不对称的直流间断电压信号加在管道上。其间断周期为 1 s,这个间断的电压信号可通过通断阴极保护电源输出实现,其中“断”阴极保护的时间为 2/3 s,“通”阴极保护的时间为 1/3 s。

DCVG 检测技术通过在管道地面上方的两个接地探极——Cu/$CuSO_4$电极和与探极连接的中心零位的高灵敏度毫伏表来检测因管道防腐层破损而产生的电压梯度,从而判断管道破损点的位置和大小。在进行检测时,两根探极相距 2 m 左右沿管线方向进行检测,当接近防腐层破损时毫伏表的指针会指向靠近破损点的探极,走过缺陷点时指针会指向检测后方的探极,当破损点在两探极中间时,毫伏表指针指示为中心零位。将两探极间的距离逐步减少到 300 mm ,可进一步精确地确定埋地金属管道缺陷位置。管道防腐层缺陷面积的大小可通过% IR 的计算获得, % IR 越大,阴极保护的程度越低,因而,管道防腐层破损面积越大, % IR 的值越大。在实际检测过程中,由于% IR 值还与破损点的深度和土壤电阻率等因素有关,所以只能近似地表示为管道破损面积的大小。

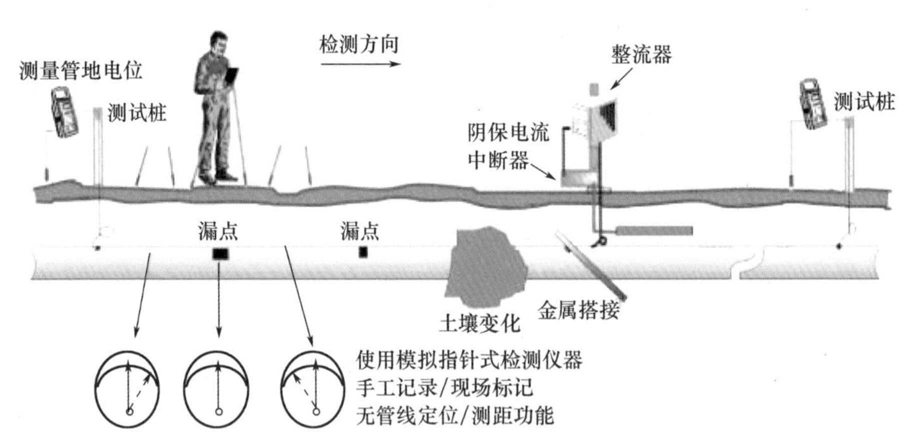

图 2.4.1 DCVG 检测原理图

二、检测仪器

DCVG 的检测对象为长输埋地管线或者海洋管道的登陆段。

DCVG 设备包括接收机和中断器、探杖等设备,如图 2.4.2 所示。

在使用 DCVG 检测前,应达到以下作业条件:

(1)在测量之前,应确认阴极保护正常运行,管道已充分极化。

(2)检查测量主机电池电量,并对两硫酸铜电极进行校正。

(3)将两根探杖与 CIPS/DCVG 测量主机相连,按密间隔电位测量法对管道定位、设备安装及通/断周期设置完毕后,测量人员沿管道行走,一根探杖(主机上标有 PIPE 端)一直保持在管道正上方,另一根探杖放在管道正上方或垂直于管道并与其保持固定间距(1～2 m),以 1～3 m 间隔进行测量。当两根探杖都与地面接触良好时读数,记录同步断续器接

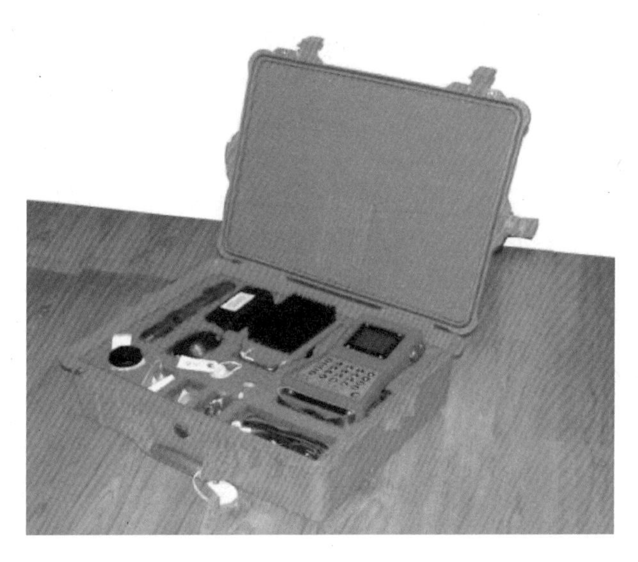

图 2.4.2　DCVG 设备实物图

通和断开时直流地电位梯度读数的变化，以及柱状条显示方向或数字的正负。

(4)当接近破损点时，可以看到电位梯度数值会逐渐增大；当跨过这个破损点后，地电位梯度数值则会随着远离破损点而逐渐减小，变化幅度最大的区域即为破损点近似位置。

(5)在破损点近似位置，返回复测，以精确确定破损点位置。在管道正上方找出电位梯度读数显示为零的位置；再在与管道走向垂直的方向重复测量一次，两条探杖连线的交点位置就是防腐层破损点的正上方。

通常采用 DCVG 检测法，检测费用大约为每千米 3 500 ~ 4 500 元人民币。

三、技术特点

通过现场测量记录，DCVG 可以用来对防腐层破损情况进行详细检测和解释。其主要用途和优点如下：

(1)进行精确定位外防腐层破损点；

(2)评估防护层破损面积大小；

(3)判断破损点腐蚀活性；

(4)估计防护层破损的形状。

四、检测作业指标

采用周期性同步通/断的阴极保护直流电流施加在管道上后，利用两根硫酸铜参比电极探杖，以密间隔测量管道上方土壤中的直流地电位梯度。在接近破损点附近电位梯度会增大，破损面积越大，电位梯度也越大。根据测量的电位梯度变化，可确定防腐层破损点位置；通过检测破损点处土壤中电流的方向，可识别破损点的腐蚀活性；依据破损点% IR 定性判断破损点的大小及严重程度。

在确定的破损点位置处，通过观察测量主机上电流方向柱状条的显示方向，对管道在通电和断电状态下，土壤中电流流动的方向分别进行测量与辨别，以判断破损点部位管道的腐蚀活跃性。

原则上对破损点腐蚀状态的评价分为：阴极/阴极（C/C）、阴极/中性（C/N）、阴极/阳极（C/A）和阳极/阳极（A/A）四种类型。

检测结果，依据 NACE RP0502《管道外腐蚀直接评估方法》评估破损点大小及严重程度定性分类有以下四种：

种类Ⅰ：1% 至 15% IR。在该类中的防腐层破损点通常被认为不需要修复。合适的阴极保护系统能够对防腐层破损部位的管道提供有效的长期保护。

种类Ⅱ：16% 至 35% IR。根据与埋地试片或者邻近已开挖的防腐层破损情况相比较，对该类中的防腐层破损可能会建议修复。通常认为，这类破损点危害性不太严重，并有可能通过合适的阴极保护得到充分的保护。但这类破损需要被记录下来，精确定位（GPS）并进行监测，以便当防腐层质量变差或阴极保护发生变化时能够及时得到修复。

种类Ⅲ：36% 至 60% IR。这类破损点一般需要修复。它们通常是阴极保护电流主要的漏失点，以及预示着可能存在严重的防腐层损伤。根据这类破损点接近地床或与其他重要构筑物的程度，通常建议对这些缺陷有计划地进行修复。这类破损点对管线总的完整性存在威胁。同样这类缺陷需要被记录下来，精确定位（GPS）并进行监测。当保护水平波动时，有可能改变其状态，造成进一步破坏。

种类Ⅳ：61% 至 100% IR。对这类防腐层破损应立即进行修复。这样的缺陷不但是阴极保护电流主要的漏失点，同时防腐层还可能存在非常严重的问题，并对管道的总体完整性造成危害。

第五节 FSM 电场指纹法

FSM（Field Signature Method）系统已经在世界范围内被主要的石油管道和管道服务公司用于检测多种恶劣情况下的管道内腐蚀。现今，它仍然代表了腐蚀检测领域的顶尖技术。FSM 有多种版本，分别用来检测海底管道、岸上、水上和埋地管道。

FSM 通过探测流经金属构件电流的微小改变来检测金属损失、裂化、蚀斑和沟槽造成的腐蚀情况。FSM 的感应探针或电极分布在整个被检测的区域内，探针之间的距离为管壁厚度的 2～3 倍。首先提取一个初始电压值，然后检测电场模型中电压的后续变化并与初始电压值进行对比来推断检测区域内金属构件的结构变化。

系统的表述图表功能可标明腐蚀的严重性和位置，并计算腐蚀趋势和速率。FSM 在线系统的灵敏度和可重复性通常为管壁剩余厚度的 0.1%，这意味着随着腐蚀的增大，其真实的灵敏度会越来越高。这项技术对于那些无法使用 UT 或 X 射线的区域，例如结构复杂部位（如 Y 形三通）、薄管壁和高温情况下的测量有较好的应用。

FSM 有多种版本，分别用来检测海底管道、岸上、水上和埋地管道。

在线 FSM/FSMLog 是一个无干扰型系统，用于检测管线、过程管道和容器内的腐蚀情况。通过诱发流经管道截面上的电流，在线 FSM 检测电场模型的变化，并对均匀腐蚀和局部腐蚀的微小初始信号给出早期预警。系统由 FSMLog 仪器和永久安装在被测物体上的感应探针矩阵组成。FSMLog 仪器通常由 Field Interface Unit（FIU）提供电源和数据通信。FSMLog 可与 CorrLog 和 SandLog 组成一套系统使用，可提供无线通信选项，用于满足数据远传的需要。

海底 FSM 是一套独特的无干扰式系统(如图 2.5.1 所示),用于检测大范围的海底管线的管壁变化。通过诱发流经管道截面上的电流,海底 FSM 检测电场模型的变化,并对金属损失的微小初始信号给出早期预警。海底 FSM 还适用于检测内部综合腐蚀、焊缝腐蚀和局部腐蚀,为海底管线的长期安全运行做出重大贡献。

图 2.5.1　海底 FSM 检测设备

一、基本原理

FSM 即电指纹法最初被开发用以监测沿海钢套焊接区裂纹的发生和发展,FSM 可以不受干扰地监测设备内部腐蚀。监测所用的灵敏电极和其他部件均安装在被监测管道、罐和容器的外侧。

FSM 通过探测流经金属构件电流的微小改变来检测金属损失、裂化、蚀斑和沟槽造成的腐蚀情况。FSM 的感应探针或电极分布在整个被检测的区域内,探针之间的距离为管壁厚度的 2 ~3 倍。首先提取一个初始电压值,然后检测电场模型中电压的后续变化并与初始电压值进行对比来推断检测区域内金属构件的结构变化。在监测的金属段上通直流电,通过测量所测部件上微小的电位差确定电场模式。将电位差进行适当的解剖或直接根据电位差的变化来判断整个设备的壁厚减薄。系统的表述图表功能可标明腐蚀的严重性和位置,并计算腐蚀趋势和速率。这项技术对于无法使用 UT 或 X 射线检测的区域,例如结构复杂部位(如 Y 形三通)、薄管壁和高温情况下的测量有较好的应用。

FSM 的独特之处在于将所有测量的电位同监测的初始值相比较。这些初始值代表了部件最初的几何形状,可以将它看作部件的"指纹"。图 2.5.2 为一段管道内部腐蚀监测布置示意图。监测区域在两电极之间,两电极输送激发电流。监测时,选择任意两电极,将测量值同两参考电极相比较,并与相应的初始值比较。

每一套测量值的指纹系数(FC)由下式计算:

$$FC_{Ai} = (B_s/A_s A_i/B_i - 1) \times 1\,000(\text{ppt})$$

式中　FC_{Ai}——i 时刻时电极对 A 的指纹系数;

A_s——启动时电极对 A 的电压;

B_s——启动时参考电极对 B 的电压;

A_i——i 时刻时电极对 A 的电压;

B_i——i 时刻时电极对 B 的电压。

FC 用以判断腐蚀速度和腐蚀积累。在监测全面腐蚀或冲蚀时,FC 直接以 ppt 反映被测设备壁厚减薄。监测开始时,FC 值通常为 0。

参考电极对要安装在监测电极附近且不易发生腐蚀的位置。在温度和激发电流有波

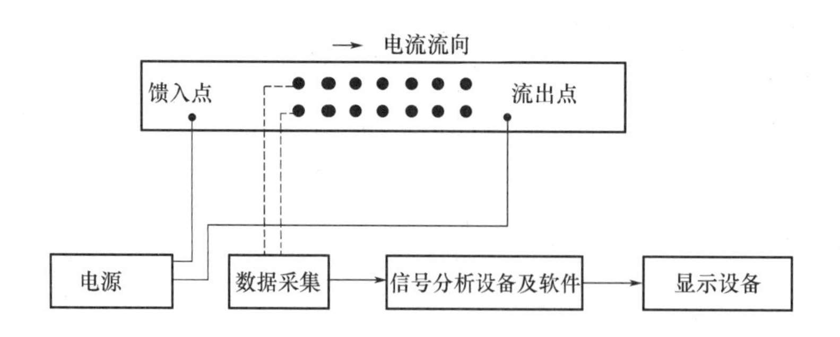

图 2.5.2 FSM 电场指纹检测原理

动时(在较小范围内),须进行补偿。

在实际应用中,不同腐蚀类型检测的影响因素如下:

(1)全面腐蚀

在这种情况下,腐蚀均匀地分布在结构内部,其产生的反应也是直截了当的,电流分布均匀,金属损失随着测量探针对的电阻和电压的增长呈线性增长,探针对电压的增长会直接对应全面腐蚀。

(2)焊缝腐蚀

典型的焊缝腐蚀与探针对距离相比是一条狭窄的缝,例如:探测目标只有很小一部分管壁厚度在减小,原始测量数据只能通过经验模型进行还原,焊槽腐蚀的真实深度只能通过特殊的运算法则进行计算,如果没有使用这种模型进行补偿,则测得的壁厚数据将被严重低估。

(3)点蚀

点蚀的情况比焊缝更加复杂,在点蚀周围,增加的电阻将导致电流绕过点蚀,如果数据未被分析,则点蚀通常看上去比其实际宽度要宽,而其深度比实际的要小得多。电流方向上相邻的探针对由于这些区域的电流减小,将得出负值。

温度变动的干扰:电阻是温度的函数,如果被测物的温度升高 10 ℃,则其电阻值将随钢材参数增大 3% 到 5% 。

二、检测仪器

FSM 系统主要由监测管道、矩阵探针、电源、电子采集机存储设备和数据处理软件五部分构成。所有计算(温度变化、电压变化和壁厚减薄量)需借助数据处理软件 MultiTrend 完成,该软件是根据检测数据评估腐蚀机理的重要工具。

MultiTrend 是一款基于 Windows 软件包设计的应用管理软件,如图 2.5.4 所示,用于监测所有的腐蚀和含砂磨蚀探头、FSM 仪器和质量损失挂片。MultiTrend 是一款配置工具,使用简单的拖放功能排列布置用户网络内的所有腐蚀和磨蚀检测设备。可注册位号、产品号、类型,等等(其他厂家的产品也可适用)。它是一个数据采集工具,可离线(使用手操器)、在线或远传(通过网络、调制解调器或类似设备连接)。它是一个分析和表述工具,分析和筛选数据,然后通过全面的带有解释性的图表来表述数据——甚至可实时表述磨蚀和腐蚀探头的数据。还为 FSM 数据提供了 3D 的图表表述功能。在 3D 图表中,时间的阶梯函数(不论向前还是向后)提供的一个独特的“movie”影像,描述腐蚀情况在留下一个电指纹之后的发展情况,使用者可对腐蚀机理有一个直观的认识。尽管要得到精确的腐蚀数值

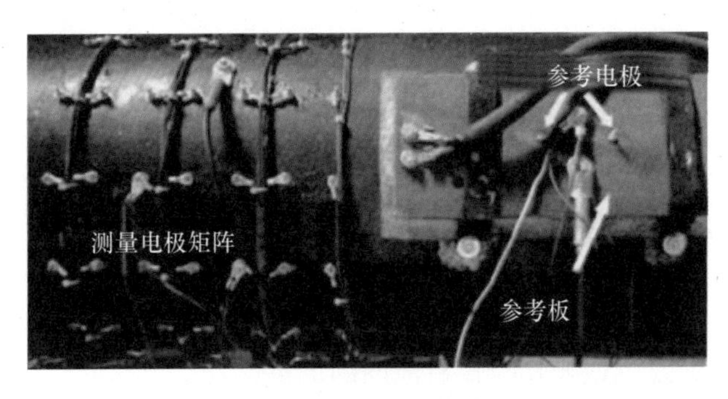

图 2.5.3　检测系统

需要进行后期处理(数字分析),但还是可以简单地观察到相关的增长。

CorrOcean FSM 在线检测设备成本为人民币 150 万左右;检测成本为 50 万人民币。

海底 FSM 是一套独特的无干扰式系统,可检测大范围的海底管线的管壁变化。通过诱发流经管道截面上的电流,海底 FSM 检测电场模型的变化,并对金属损失的微小初始信号给出早期预警。海底 FSM 还适用于检测内部综合腐蚀、焊缝腐蚀和局部腐蚀。FSM 现场检测如图 2.5.5 所示。

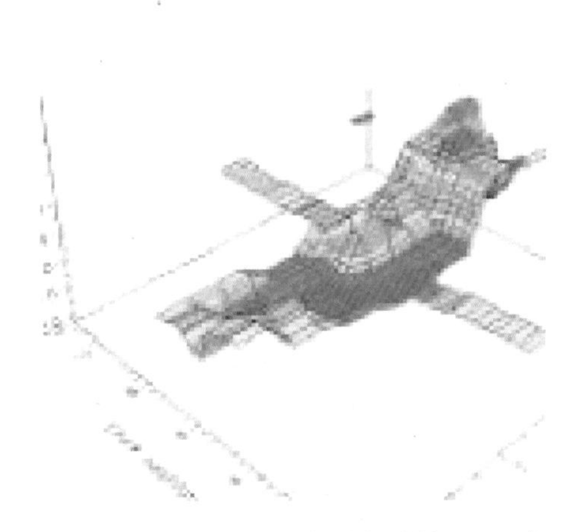

图 2.5.4　MultiTrend 软件提供的 3D 图表

图 2.5.5　FSM 现场检测

在设计 NDT 或检查程序时,要选择发生腐蚀、冲蚀或腐蚀开裂可能性大的部位,或选择万一发生失效会引起严重后果的临界部位。FSM 的应用也同此理。FSM 典型的监测区域包括:

(1)管道和管线的环焊缝;

(2)设备的底部区域;

(3)上述二者的结合区域,以及含有 CO_2,H_2S 等腐蚀介质或有微生物活动等具有腐蚀性作用的环境;

(4)管道的“T”形接头,有冲蚀/磨蚀的危险;

(5)管道弯曲处或焊接点;

(6)接点拐角;

(7)管道的进出口、临界环境处以及有应力存在的焊接处。

三、技术特点

和传统的腐蚀监测方法（探针法）相比，FSM 在操作上有以下优点：

（1）没有元件暴露在腐蚀、磨蚀、高温和高压环境中；

（2）没有将杂物引入管道的危险；

（3）本系统几乎不需要维护，也不需更换易耗件。FSM 的使用寿命等同于管道工作时间；

（4）在进行装配或发生误操作时没有泄漏的危险；

（5）腐蚀速度的测量是在管道、罐或容器壁上进行，而不用小探针或试片测试；

（6）敏感性和灵活性要比大多数非破坏性试验（NDT）好；

（7）FSM 可安装于钢铁或其他金属构件、管线系统和几乎任何形状的容器上；

（8）FSM 结合了腐蚀探针和 NDT 的优点，灵敏度高，并能及时反映管壁腐蚀的实际变化，监测区域较大；

（9）FSM 可直观地读出最终结果，可在显示屏上读出装置的实际状况，包括腐蚀速度和腐蚀倾向，发生腐蚀的位置以及点蚀和开裂程度；

（10）通过室内试验和现场装置，FSM 能从设备外侧准确监测管线和容器内部情况；

（11）FSM 除去了引入内部的装配件，探测头的更换和操作上的修正，从而大大减少了监测费用，并进行了可靠性；

（12）FSM 可用于一般监测不能达到的区域，如埋地管线、核动力站的有毒区域以及海底管线和设备等。

四、检测作业指标

FSM 系统的测量精度见表 2.5.1。

表 2.5.1　FSM 系统的测量精度

测量	精度
普通腐蚀	±0.5% 真实壁厚
焊缝腐蚀	±5% 真实壁厚
点蚀	±10% 真实壁厚
磨蚀	±2.5% 真实壁厚

FSM 在线系统的灵敏度和可重复性通常为管壁剩余厚度的 0.1%。

第三章　温度场监检测方法

一般情况下，输油输气管道会向周围环境发出不规则热辐射，一旦发生泄漏，泄漏的气体会对特定频率的热辐射进行衰减。这时利用温度传感器分析管道周围环境温度的变化就能查到漏点的位置，一般是利用汽车和直升机搭载红外线遥感摄像装置进行分析。这项技术可检测到微小的泄漏。但一般用于长输管道，这种方法受环境影响较大，同时对管道深度也有要求。近几年来，先进的大面积温度传感器使得温度检测法变得更加实用。这种方法在管道铺设时将多传感器电缆或分布式光导纤维一并铺设下去，利用它们探测管道周围环境温度的变化和频谱变化。这种方式精度较高，一般同时具有监测与检测两种功能，但是成本太高限制了这种方式的使用，一般只用在关键的管线上。

第一节　红外热成像法

一、基本原理

红外线，又称红外辐射，是指波长为 0.78～1 000 μm 的电磁波。其中波长为 0.78～2.0 μm 的部分称为近红外，波长为 2.0～1 000 μm 的部分称为远红外线，如图 3.1.1 所示。

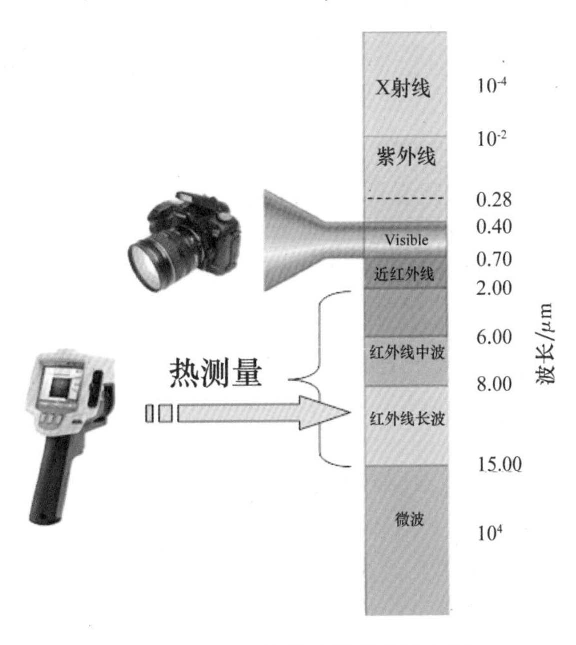

图 3.1.1　红外热成像基本原理图

照相机成像得到照片，电视摄像机成像得到电视图像，都是可见光成像。自然界中，一切物体都可以辐射红外线，因此利用探测仪测定目标的本身和背景之间的红外线差就可以得到不同的红外图像,热红外线形成的图像称为热图。

目标的热图像和目标的可见光图像不同,它不是人眼所能看到的目标可见光图像,而是目标表面温度分布图像。换一句话说,红外热成像使人眼不能直接看到目标的表面温度分布,变成人眼可以看到的代表目标表面温度分布的热图像。

输油输气管道会向周围环境发出不规则热辐射,一旦发生泄漏,泄漏的气体会对特定频率的热辐射进行衰减。这时利用温度传感器分析管道周围环境温度的变化就能查到漏点的位置,一般是利用汽车和直升机或者 ROV 搭载红外线遥感摄像装置进行分析。

超声红外热成像无损评估综合应用超声激励和红外热成像技术来对材料或结构的缺陷进行鉴别,尤其对金属材料和陶瓷材料的表面及近表面裂纹,复合材料的浅层分层或脱粘等的检测非常有效。因此利用其超声红外热成像特定的振动激励源来促使材料或结构内部产生机械振动(弹性波传播),使其缺陷部位(裂纹或分层)因热弹效应和滞后效应等原因导致声能衰减而产生释放出热能,最终引起材料局部温度升高。通过红外热像仪对材料局部发热过程进行捕捉和采集,就可以借助于时序热图像对材料或结构内部的缺陷进行判别。

二、检测仪器

在压力管道中,气孔、夹渣、根部未焊透、未熔合和裂纹等缺陷均为隔热性缺陷,而局部减薄、未填满、单面未焊透、夹钨和咬边等缺陷为导热性缺陷。气孔、夹渣、未焊透、未熔合、裂纹、未填满、夹钨和咬边等缺陷一般可以认为是在焊接中所产生的,可通过射线、超声波和涡流检测等手段在安装过程中及时发现。而管道在长期的运行过程中不可避免地会产生腐蚀、冲刷等情况,其带来的后果就是局部减薄,这种缺陷虽然可通过超声波测厚进行检测,但对于管线较长、位置不利、工况条件较差等情况下,检测的难度也是很大的。采用红外热成像技术对压力管道局部减薄进行检测可极大提高工作效率,并且可随时随地开展对压力管道的动态检测。

红外热成像检测方法要求管道发射的红外线可以被接收仪检测到,所以适用于浅水区或者海洋管道的登陆段。此种方法受周围环境的影响较大,对环境要求较高,但是对海面油污的泄漏检测不受水深的限制,可以检测海面任何区域的泄漏。然而由于需要采用无人飞机等检测,所以其作业条件受海况及气象条件的限制,响应波段为 8 ~ 14 μm,温度分辨率为 0.07 ℃。

用红外热成像技术,探测目标物体的红外辐射,并通过光电转换、信号处理等手段,将目标物体的温度分布图像转换成视频图像的设备,我们称为红外热成像仪,如图 3.1.2 所示。

埋地输气管道及其周围环境会向空中散发出不规则热辐射,经大气向空中传播,大气作为传输介质对辐射会有吸收和衰减作用。当输气管道发生泄漏时,漏出的气体(主要是甲烷)会对特定频率的红外辐射进行衰减。通过红外摄像,将其结果进行光谱分析,可以确定输气管道的泄漏,如图 3.1.3 所示。此种方法受周围环境的影响较大,对环境要求较高。红外成像技术用于输油输气管道泄漏检测是近年由美国 OIL TON 公司开发的。是利用直升机吊装的一部精密红外摄像机沿管道飞行,通过判读输送油料与周围土壤的温度场确定是否有油料泄漏,如图 3.1.4 所示。此方法也可用于海面油污带监视。

红外热成像技术的核心设备是红外热成像仪。热成像整机部件包括五大部分:光学系

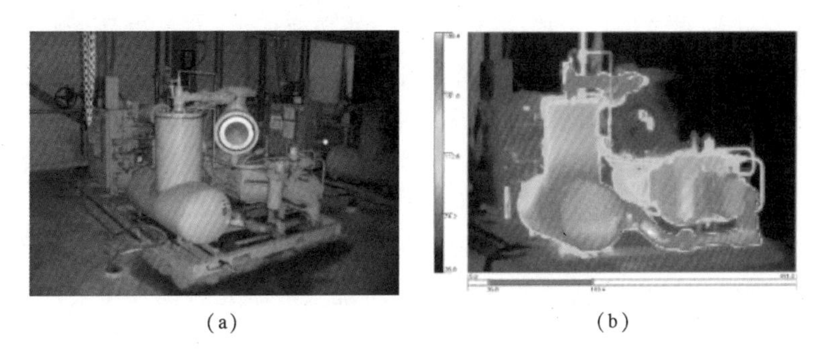

(a)　(b)

图 3.1.2　红外成像效果图

(a)实物照片;(b)成像效果

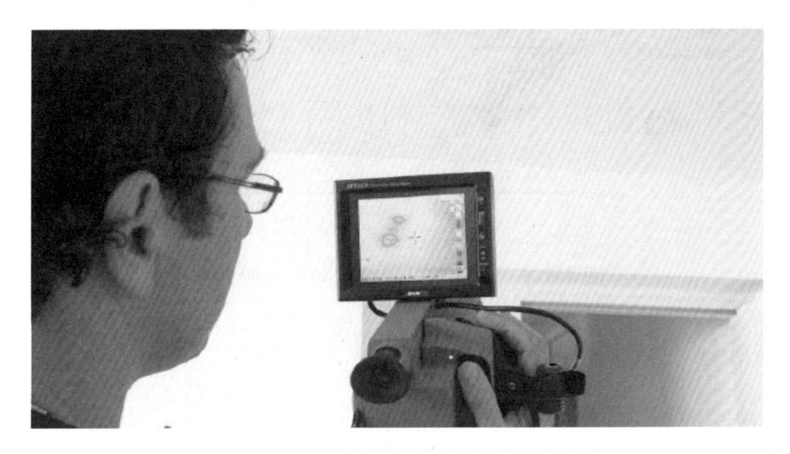

图 3.1.3　红外热成像法的检测效果图

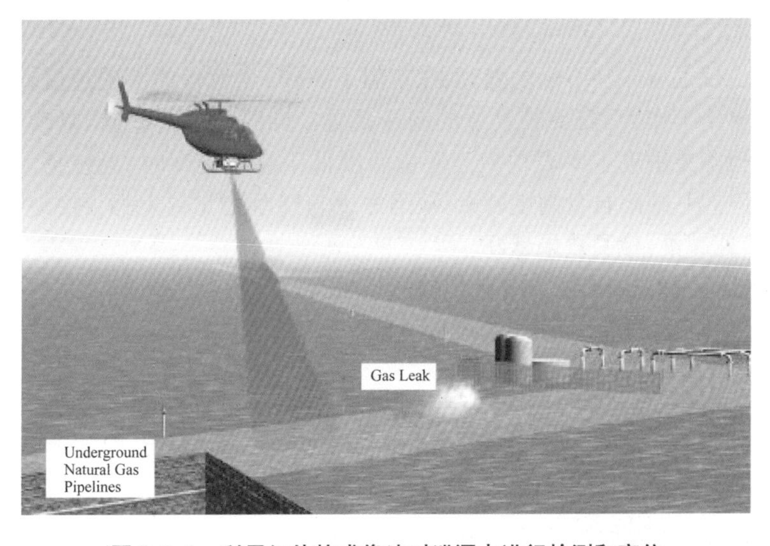

图 3.1.4　利用红外热成像法对泄漏点进行检测和定位

统（某些情况下还有窗口)、扫描器、探测器组件、电子学和显示器。光学系统的作用是将景物发射的红外线汇聚在焦面上,扫描器既要实现光学系统大视场与探测器小视场的匹配，又要按显示制式的要求进行扫描，探测器将红外光变成电信号，电子学将信号进行处理（进行信号的电乎提升和校正等），显示器将电信号变为可见光。当探测器将红外光变成电信号后，完全利用在电视技术中已经发展得很成熟的电子学和显示器，进行信号处理和显示。

如图3.1.5所示为用于检测缺陷的超声红外热成像检测试验装置，装置主要包括超声换能器和红外热成像仪等。当单一的短频脉冲通过超声换能器被注入试件后，试件表面或内部裂纹处的温度变化过程将被红外热成像仪所记录。激光振动计主要用于测量试件相关区域的振动行为，并为缺陷发热的相关性和超声源振动模式的产生等基本问题提供依据。

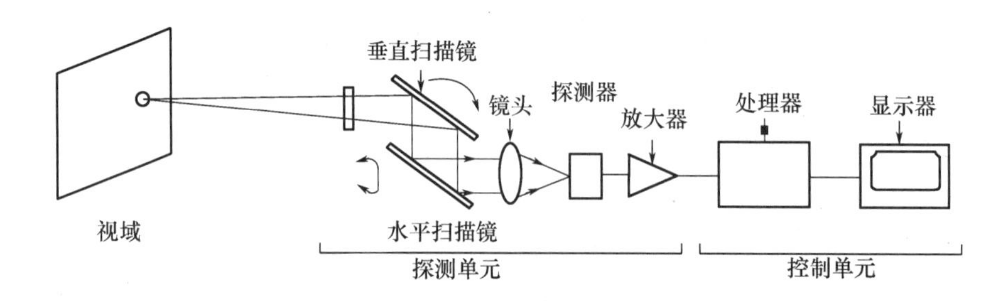

图3.1.5 超声红外热成像检测试验装置

该检测方法需要考虑无人飞机等费用，每千米大约需要几万人民币。

三、技术特点

红外热像仪具有以下优点：非接触，快速，能对运动目标和微小目标测温，能直观地显示物体表面的温度场，温度分辨率高，可采用多种显示方式，可进行数据存储和计算机处理等。

但红外热像仪也有一些不足之处，如在室温下工作，热像仪的响应速度较慢，灵敏度较低。如果在低温下工作，又需要较复杂的制冷装置。同时，热像仪结构复杂，价格昂贵，不易推广应用。检测灵敏度主要表现为当环境温度低于流体温度时，温差越大，检测效果越好；缺陷的宽度越大、缺陷自身高度越大、缺陷深度与壁厚之比越大都会使缺陷的检测灵敏度升高；流体流速越慢，检测效果越好。

与其他无损检测方法相比，红外无损检测技术有以下特点：

（1）能实现非接触测量，检测距离可近可远。

（2）精度比较高。

（3）空间分辨率较高。

（4）反应快。

（5）检测时操作简单、安全可靠，易于实现自动化和实时观察。

（6）采用周期性热源加热时，加热频率不同可探测不同深度的缺陷。当频率高时，有利于探测表面微裂纹。频率低时，可探测较深缺陷，但灵敏度降低。

（7）采用热像仪检测能显示缺陷的大小、形状和缺陷深度。

第二节　光纤温度检测检漏法

一、基本原理

在光纤中注入一定能量和宽度的激光脉冲，它在光纤中传输的同时不断产生后向散射光波，光波的状态随所在光纤散射点的温度影响改变。将散射回来的光波经波分复用、检测解调后，送入信号处理系统，将温度信号实时显示出来，利用光时域反射(optical time domain reflection，OTDR)，即光纤中光波的传输速度和背向光回波的时间进行定位。目前光纤温度传感器系统主要基于拉曼光反射、布里渊光反射和光纤光栅原理，其中基于拉曼光反射的 DTS(Distributed Temperature Sensing 分布式光纤温度传感系统)应用较多。拉曼反射的原理是：光通过光纤时，光子和光纤中的广声子会产生非弹性碰撞，发生拉曼散射，一部分光能转换成热振动，产生波长大于入射光的斯托克斯光；一部分热振动转换成热能，产生波长小于入射光的反斯托克斯光。反斯托克斯光对温度更为敏感，采用斯托克斯光与反斯托克斯光的强度比可消除光纤的固有损耗和不均匀性所带来的影响。通常用反斯托克斯光作为信号通道，斯托克斯光作为比较通道。基于拉曼散射的分布式温度传感技术最为成熟。据报道国外已将其应用于管道检漏。

温度监测检漏法：把光纤和管道平行布置，检测管道的剖面温度。当发生泄漏时气体逸出，根据焦耳汤普生效应，泄漏处温度下降，该位置可以通过光纤进行确定。该技术主要用于埋设的输气管线。

光纤是光导纤维的简写，是一种利用光在玻璃或塑料制成的纤维中的全反射原理而制作成的光传导工具。图 3.2.1 所示为多模光纤截面图。前香港中文大学校长高锟和 George A. Hockham 首先提出光纤可以用于通信传输的设想，高锟因此获得 2009 年诺贝尔物理学奖。光纤传输优点：频带宽、损耗低、质量轻、抗干扰能力强、保真度高、工作性能可靠、成本不断下降。

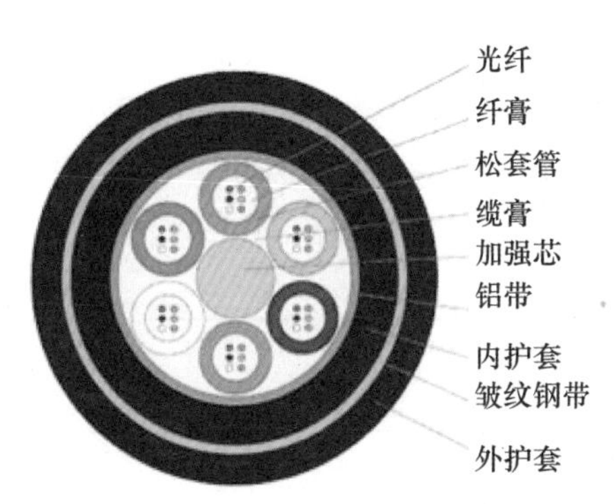

图 3.2.1　多模光纤截面图

1978 年，加拿大通信研究中心的 K. O. Hill 及其合作者首次从接错光纤中观察到了光子诱导光栅。Hill 的早期光纤是采用 488 nm 可见光波长的氩离子激光器，通过增加或延长注入光纤芯中的光辐照时间而在纤芯中形成了光栅。后来 Meltz 等人利用高强度紫外光源所形成的干涉条纹对光纤进行侧面横向曝光在该光纤芯中产生折射率调制或相位光栅(见图3.2.2)。1989年,第一支波长位于通信波段的光纤光栅研制成功。

图3.2.2 光栅光纤示意图

光纤光栅是利用光纤材料的光敏性在纤芯内形成空间相位光栅,相当于一个窄带的(透射或反射)滤波器或反射镜。当外界环境改变时,由于热光效应、弹光效应、法拉第效应等的作用导致布拉格中心波长发生漂移,测量此波长的漂移量就可检测外界温度、应力、磁场等的变化,还可间接测量加速度、振动、浓度、液位、电流、电压等物理量,其工作原理见图3.2.3。利用这一特性可制成用以检测多种参量的光纤传感器和光纤传感网。

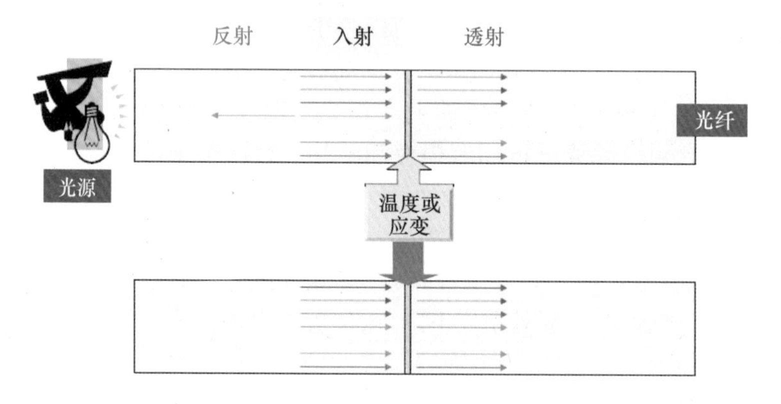

图3.2.3 光栅光纤对于温度或应变的响应

随着光纤光栅写入技术和传感器封装技术的不断完善,一些光纤光栅传感器已开始规模生产。目前,光纤光栅传感器除在航空航天飞行器、舰船及武器系统等军事领域应用外,还扩展到建筑、桥梁、隧道、公路、电力工业、化工产业和生物医学工程等民用领域。日益增多的应用成果表明,光纤光栅已成为目前最有发展前途、最具有代表性的光纤无源器件之一。光纤光栅是利用光纤纤芯材料对紫外光的光敏效应,形成折射率周期(或预期)变化的光栅结构,这种光栅称之为光纤 Bragg 光栅。其光学原理涉及光波的衍射、干涉、全反射等(如图3.2.4、图3.2.5所示)。

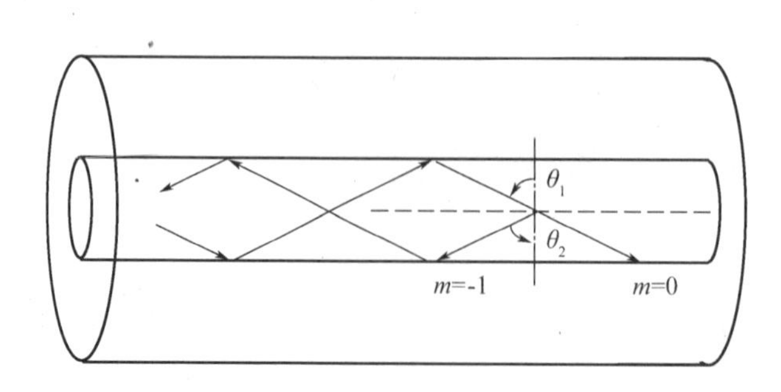

图3.2.4 光栅光纤的工作原理

由弹性力学和锗硅光纤材料的各特性参数可知，光纤 Bragg 光栅中心波长随温度和轴向应变的变化可表示为

$$\Delta\lambda_B = 0.78\lambda_B\varepsilon_a + 6.67 \times 10^{-6}\lambda_B\Delta T$$

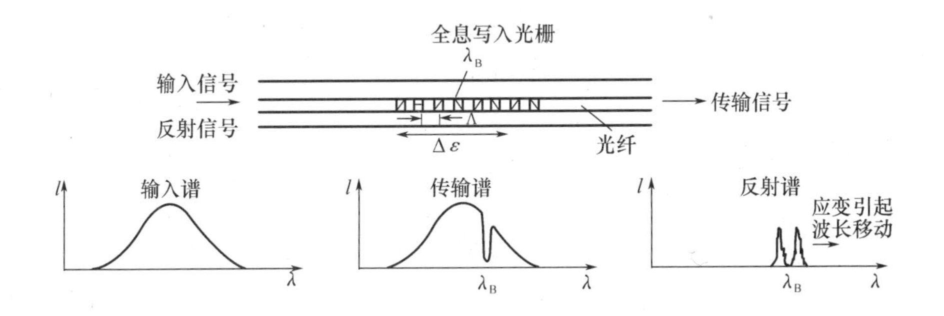

图 3.2.5　Bragg 光栅光纤的监测信号处理方法

光纤是比较有发展前景的泄漏检测技术。光纤既能作为点传感器又能作为分布式传感器，光纤能够检测大范围的物理和化学特性，这些特性对进行泄漏检测和定位是有很大帮助的。除温度检测外，光纤技术还主要通过下列技术进行泄漏检测。

微小弯曲检测的泄漏检测法：当泄漏发生时，光纤遇到碳氢化合物时发生微小弯曲，这些变化可以用光学时域反射仪检测到并且定位。

光纤化学传感器检漏法：当有碳氢化合物存在时传感器的光学性质发生改变，光学性质的改变可以用于泄漏检测。FCI 环境公司已经申请了光纤化学传感器的专利技术。

光纤是非金属材料的分布式传感器，其特性非常适用于海底管线的泄漏检测，但是其有一定的局限性，主要是以下两点：第一，因为光纤属于分布式传感器，所以只能测得布有光纤的部位的泄漏情况，光纤没有布到的地方，将无法检测到。第二，光纤检测，必须伴有海底光缆传输。如果没有海底光缆，检测数据传输将无法实现。同时由于价格比较昂贵，目前很少有商业的应用。

二、检测仪器

光纤温度传感器是一种用于实时测量空间温场分布的高新技术，它能够连续测量光纤沿线的温度，能在各种有害的环境中工作，特别适用于需要大范围多点测量的应用场合。可以进行实时监测，精确定位（0.5 ~ 2 m），测量距离可达数十千米，空间分辨率可达 1 ~ 5 m，能够进行不间断的自动测量。

整个系统由光纤测温仪、感温光缆、光路交换机、测温软件、测温工作站、远程监控软件、远程监控服务器组成，如图 3.2.6 所示。

管道内的天然气一般低于环境温度，一旦发生泄漏，布置在管道外侧的光纤光栅温度传感系统或分布式温度传感器系统可感知温度降低，从而发现泄漏并精确定位。管道正常运行时，沿线各点的温度场分布应处于稳定趋势下，当某一时刻管线发生泄漏时，管线漏点附近产生温度场的土壤变化，通过光纤温度传感器即时监测到温度场的突然变化，利用计算机监测系统，即可准确判断管道泄漏及泄漏点的位置，实现天然气管道泄漏的在线监测。

光纤温度传感系统布置在管道正上方，如图 3.2.7 所示，光缆和传感器布设时保证一定

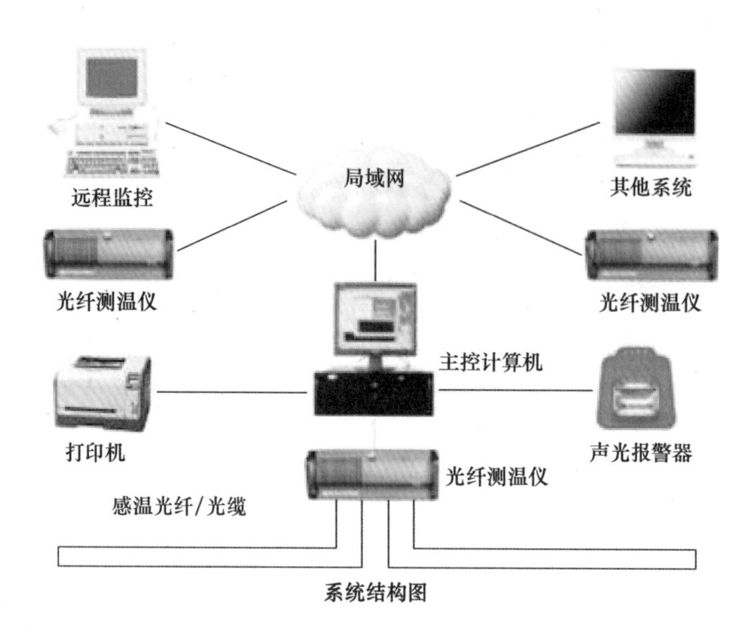

图 3.2.6　光纤检测系统组成

的曲率,尽量减少光损耗。将光缆终端接入监测站内,安装分析仪和计算机,从而实现对管道系统的关键点或全程的实时在线监测,可以及时发现泄漏并准确定位。

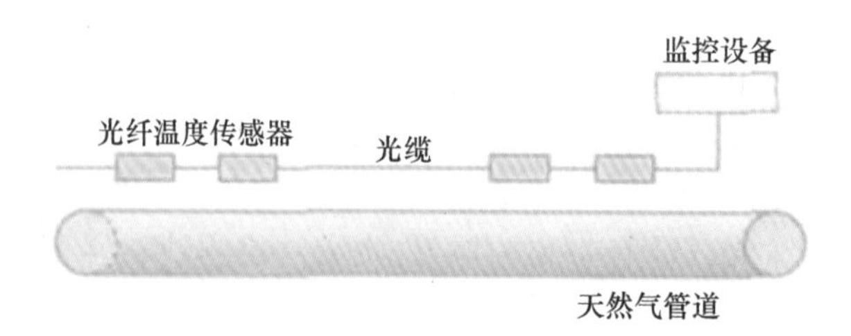

图 3.2.7　光纤温度传感系统布置图

光纤温度传感器是一种用于实时测量空间温场分布的高新技术,它能够连续测量光纤沿线处的温度,测量距离可达数十千米,空间分辨率可达 1 ~5 m,能够进行不间断的自动测量,具有精度高、不带电、抗射频和电磁干扰、防燃、防爆、抗腐蚀、耐高压和强电磁场、耐辐射、数据传输及读取速度快和自适应性能好等优点,能在各种有害的环境中工作,特别适用于需要大范围多点测量的应用场合。

三、技术特点

1. 优势

(1)使用时域反射原理测量温度分布。如果采用长度为 10 km 的多模光纤,其温度分辨率通常为 1 ℃,空间分辨率可以达到 1 m;如果采用长度为 30 km 的单模光纤,温度分辨率通常为 2 ℃,空间分辨率为 10 m。

(2)响应时间为 7 ~10 min。

(3)管线外部安装,不需要考虑材质问题。对于含硫气田中高含硫化氢以及二氧化碳的其他介质环境,此点尤为重要;同时减少了管线上面的开孔,减少了泄漏源。

(4)基于光信号的测量,抗干扰能力强而且本质安全。

(5)接线方便,由于整条光缆是一个检测器,而且光信号的传播距离远,传播速度快,因此可以减少数据采集点的设置。

(6)与沿线安装探测仪表相比,维护工作量极低,所有的维护量基本上都集中在控制室内。

(7)易于扩展。

(8)一套系统可有多种用途,既可用于线路泄漏检测,也可用于温度监视。

(9)光纤同时还对压力、震动、声波等敏感,功能扩展的余地非常大。

(10)可按照管线所处地域的不同,在温度检测趋势图中划分不同的检测区域。

2. 局限性

(1)光缆的敷设及施工问题

如果含硫气田在山区,地形复杂,光缆的敷设及施工难度将会很大。通信光缆通常与工艺管线同沟敷设,分布式光纤可以采用与通信光缆共同敷设,甚至利用通信光缆的备用芯实现分布式温度检测功能,这种一定程度上可以减小施工难度。

(2)光缆与工艺管道的间距和布置问题

距离过远将影响检测效果,并且会导致响应时间加长,最理想的布置是在工艺管道的上下左右四个方向都敷设一条光缆,这样无论管道的那个方位出现泄漏,都会有较好的检测效果和较快的响应时间,但这样会增加成本。

(3)存在某些受限因素

主要是管线保温层以及土壤的导热系数,这直接影响响应时间,对于有保温层的管线,光缆应敷设在保温层内,对于没有保温层的埋地管线,主要取决于土壤的导热系数。

第四章　声场/压力场监检测方法

第一节　声学发射法泄漏检测技术

材料中局域源快速释放能量产生瞬态弹性波的现象称为声发射(Acoustic Emission, AE),有时也称为应力波发射。材料在应力作用下的变形与裂纹扩展,是结构失效的重要机制。这种直接与变形和断裂机制有关的源,被称为声发射源。近年来,流体泄漏、摩擦、撞击、燃烧等与变形和断裂机制无直接关系的另一类弹性波源,被称为其他或二次声发射源。

声发射是一种常见的物理现象,各种材料声发射信号的频率范围很宽,从几赫兹的次声频、20 Hz ~ 20 kHz 的声频到数兆赫兹的超声频;声发射信号幅度的变化范围也很大,从10 m 的微观位错运动到1 m 量级的地震波。如果声发射释放的应变能足够大,就可产生人耳听得见的声音。大多数材料变形和断裂时有声发射发生,但许多材料的声发射信号强度很弱,人耳不能直接听见,需要藉助灵敏的电子仪器才能检测出来。用仪器探测、记录、分析声发射信号和利用声发射信号推断声发射源的技术称为声发射技术,人们将声发射仪器形象地称为材料的听诊器。

一、基本原理

声发射检测的原理,从声发射源发射的弹性波最终传播到达材料的表面,引起可以用声发射传感器探测的表面位移,这些探测器将材料的机械振动转换为电信号,然后再被放大、处理和记录。固体材料中内应力的变化产生声发射信号,在材料加工、处理和使用过程中有很多因素能引起内应力的变化,如位错运动、孪生、裂纹萌生与扩展、断裂、无扩散型相变、磁畴壁运动、热胀冷缩、外加负荷的变化,等等。人们根据观察到的声发射信号进行分析与推断以了解材料产生声发射的机制。

二、检测仪器

声发射检测系统主要包括传感器、前置放大器以及相应的硬件系统,具体如图 4.1.1 所示。

声发射检测的主要目的是:

(1)确定声发射源的部位;

(2)分析声发射源的性质;

(3)确定声发射发生的时间或载荷;

(4)评定声发射源的严重性。

一般而言,对超声发射源,要用其他无损检测方法进行局部复检,以精确确定缺陷的性质与大小。图 4.1.2 所示为声发射系统。

声发射检测对材料甚为敏感,又易受到机电噪声的干扰,因此要求周围噪声不能太大。

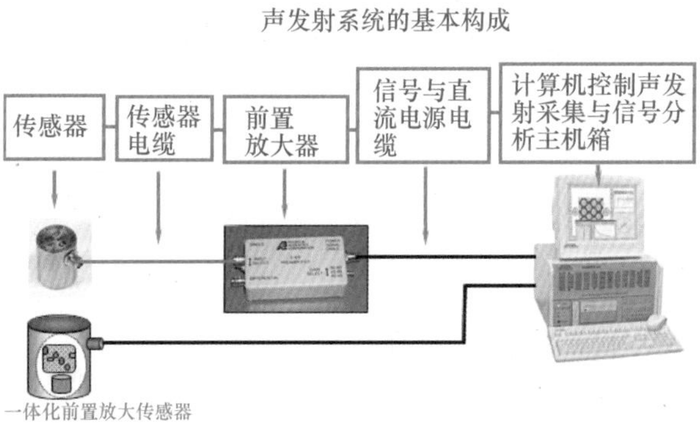

声发射系统的基本构成

传感器
传感器电缆
前置放大器
信号与直流电源电缆
计算机控制声发射采集与信号分析主机箱
一体化前置放大传感器

图 4.1.1　声发射系统基本构成

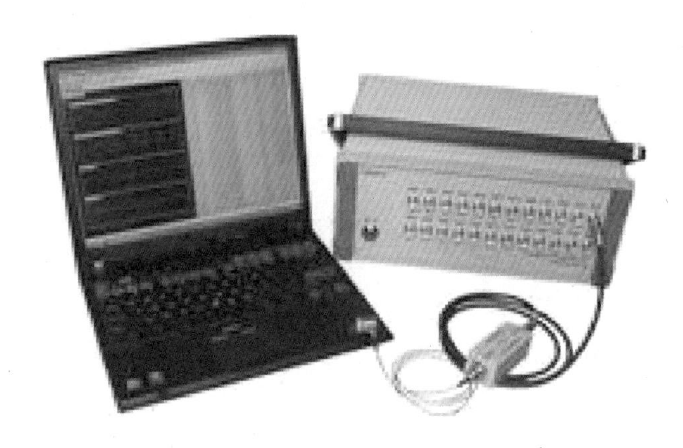

图 4.1.2　声发射系统

同时不适用于高流速，大流量的管道泄漏检测，因为这些管道产生的噪声较大，泄漏信号容易被噪声淹没。

检测泄漏是声发射技术应用的一个重要方面。声发射检测泄漏的原理是管道中的流体通过管壁外泄时会在管壁中激发应力波。由于泄漏产生的声发射信号比较大且其频谱有较尖锐的峰值，所以利用声发射检测泄漏相对比较容易。有文献称该技术可检测到 8.0×10^{-4} mL/s 以下流量的泄漏，而且检测准确率高达 99%，而漏报率和误报率 <1%。

进行声发射检测时，需要配有声发射检测仪。生产该设备的公司主要由美国物理声学公司、DWC 公司、德国 Vallen Systeme 公司和中国广州声华公司等。以声华公司生产的产品为例，该声发射仪市场价约 22 万元人民币。

三、检测对象

目前声发射技术作为一种成熟的无损检测方法已被广泛应用，主要应用领域和方面有：

1. 石油化工行业

各种压力容器、压力管道和海洋石油平台的检测和结构完整性评价，常压储罐底部、各种阀门和埋地管道的泄漏检测等。

2. 电力行业

高压蒸汽气包、管道和阀门的检测和泄漏监测，汽轮机叶片检测，汽轮机轴承运行状况监测，变压器局部放电检测。

3. 材料试验

材料的性能测试、断裂试验、疲劳试验、腐蚀监测和摩擦测试，铁磁性材料的磁声发射测试等。

4. 民用工程

楼房、桥梁、起重机、隧道和大坝的检测，水泥结构裂纹开裂和扩展的连续监视等。

5. 航空航天工业

航空器壳体和主要构件的检测和结构完整性评价，航空器的时效试验、疲劳试验和运行过程中的在线连续监测等。

6. 金属加工

工具磨损和断裂的探测、打磨轮或整形装置与工件接触的探测、修理整形的验证、金属加工过程的质量控制、焊接过程监测、振动探测、锻压测试以及加工过程的碰撞探测和预防。

7. 交通运输业

长管拖车、公路和铁路槽车及船舶的检测和缺陷定位，铁路材料和结构的裂探测，桥梁和隧道的结构完整性检测，卡车和火车滚珠轴承和轴颈轴承的状态监测以及火车车轮和轴承的断裂探测。

8. 其他

硬盘的干扰探测，带压瓶的完整性检测，庄稼和树木的干旱应力监测，摩擦磨损监测，岩石探测，地质和地震应用，发动机状态监测，转动机械的在线过程监测，钢轧辊的裂纹探测，汽车轴承强化过程的监测，铸造过程监测，Li/MnO_2 电池的充放电监测，人骨头的摩擦、受力和破坏特性试验以及骨关节状况的监测。

四、技术特点

1. 优点

声发射检测方法在许多方面不同于其他常规无损检测方法，其优点主要表现为：

(1)声发射是一种动态检验方法，声发射探测到的能量来自被测试物体本身，而不是像超声或射线探伤方法一样由无损检测仪器提供；

(2)声发射检测方法对线性缺陷较为敏感，它能探测到在外加结构应力下这些缺陷的活动情况，稳定的缺陷不产生声发射信号；

(3)在一次试验过程中，声发射检验能够整体探测和评价整个结构中缺陷的状态；

(4)可提供缺陷随载荷、时间、温度等外变量而变化的实时或连续信息，因而适用于工业过程在线监控及早期或临近破坏预报；

(5)由于对被检件的接近要求不高，而适于其他方法难于或不能接近环境下的检测，如高低温、核辐射、易燃、易爆及极毒等环境；

(6)对于在役压力容器的定期检验,声发射检验方法可以缩短检验的停产时间或者不需要停产;

(7)对于压力容器的耐压试验,声发射检验方法可以预防由未知不连续缺陷引起系统的灾难性失效和限定系统的最高工作压力;

(8)由于对构件的几何形状不敏感,而适于检测其他方法受到限制的形状复杂的构件。

2. 局限性

由于声发射检测是一种动态检测方法,而且探测的是机械波,因此具有如下的局限性:

(1)声发射特性对材料甚为敏感,又易受到机电噪声的干扰,因而对数据的正确解释要有更为丰富的数据库和现场检测经验。

(2)声发射检测,一般需要适当的加载程序。多数情况下,可利用现成的加载条件,但有时还需要特殊做准备。

(3)声发射检测目前只能给出声发射源的部位、活性和强度,不能给出声发射源内缺陷的性质和大小,仍需依赖于其他无损检测方法进行复验。

该方法通过在管道外部安装声学传感器,管道泄漏产生的声信号能被传感器接收。该方法开始用于检测蒸汽锅炉,后来用于水管检测。该系统对高压和低流速管道检测效果较好。为了提高检测精度,尽量减少外部干扰分离出管道泄漏发出的声音是必要的。

声学系统和示波器组成管道泄漏的实时监测系统,它主要利用声学发射系统。声学发射技术利用压力突然下降而产生的声信号进行泄漏检测,用声波的振幅来估计泄漏量,泄漏量增加,声信号随之增加。

使用声学发射法进行泄漏检测时,传感器通常安装在管道外部,因此不需要关闭管道系统进行设备的安装和校正。但不适用于高流速、大流量的管道泄漏检测,因为这些管道产生的噪声较大,泄漏信号容易被噪声淹没。

第二节　电磁超声检测技术

一、基本原理

金属的超声波检测作为一种重要的无损探伤手段,已经具有近一个世纪的应用历史。自从 19 世纪末发现压电效应后,人们就开始尝试将超声波用于材料的检测。随着这项技术的不断发展和进步,如今超声波探伤已经广泛应用于冶金、机械、铁路、核电、航空、航天等各个工业领域的质量检验中,在无损检测领域占据着重要的一席之地,具有不可替代的作用。

传统的超声波检测产生超声波的方法是给压电晶片馈以高频电信号,利用压电晶体的压电效应产生超声波。我们将这种超声波称为压电超声波。在使用压电超声波检测材料的质量时,要将由压电晶片产生的超声波导入到被检材料中。但由于超声波在空气中衰减很快,为了避免超声波在压电换能器与被检测材料之间的空气隙中传播时发生能量损失,需要在两者之间使用耦合剂(如油脂、软膏、水等)。由于耦合剂的使用,使压电超声检测技术的应用受到了一些限制。首先,被检工件的表面要求比较光洁,因为粗糙的表面不宜耦合剂的渗润;其次,耦合剂要洁净均匀,油脂中的杂质、水中的气泡都会对声波的耦合造成影响;再者,在高温状态下,耦合介质会迅速气化,使耦合条件遭到破坏;还有,当压电探头与工件发生快速相对移动时,容易造成耦合剂介质中汽泡的产生和来不及渗润的情况。由此可见,由于耦合剂的使用,使压电超声波技术不适于用在高温、高速、表面粗糙工件的检测。

电磁超声(Electromagnetic Acoustic,EMA)检测技术是20世纪后半叶出现的一种新的超声波检测方法。这一技术以洛仑兹力、磁致伸缩力、磁性力为基础,用电磁感应涡流原理激发超声波。由于电磁超声产生和接收过程中具有换能器与被测体表面非接触、无需耦合剂、重复性好、检测速度高等优点,而受到广大无损检测人员的关注。当通以高频电流的线圈靠近金属试件时,试件表层会感生高频涡流,若在试件附近再外加一个强磁场,则涡流在磁场作用下将受到高频的力,即洛仑兹(Lorentz)力。洛仑兹力通过与金属晶格的碰撞或其他微观的过程传给被检材料(图4.2.1)。这些洛仑兹力以激励电流的频率交替变化,成为超声波的波源。如果材料是铁磁性的,还有一种附加耦合机制在超声激发中起作用。由于磁致伸缩的影响,交变电流产生的动态磁场和材料本身的磁化强度之间产生相互作用,形成了耦合源。形变在材料中的传播也就是超声波在材料中的传播。

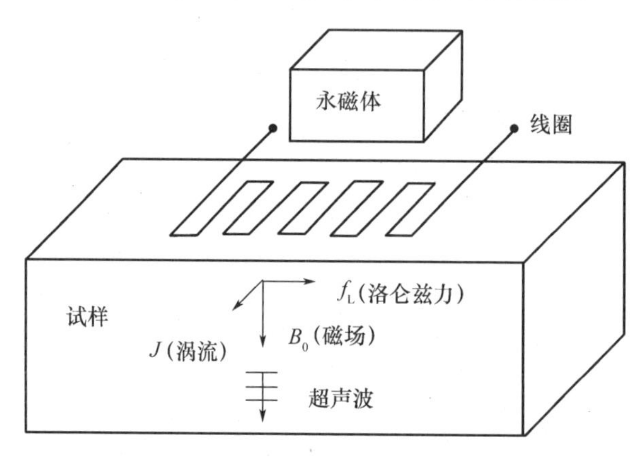

图4.2.1 EMAT洛仑兹力作用原理

图4.2.2给出了激发电磁超声的磁场方向、电流方向以及各种力及其方向。图中J为导体中的电流,B_0为偏置磁场,f_M为磁化力,f_{MS}为磁致伸缩力,f_L为洛仑兹力,其中磁化力和磁致伸缩力只在铁磁性材料中产生。

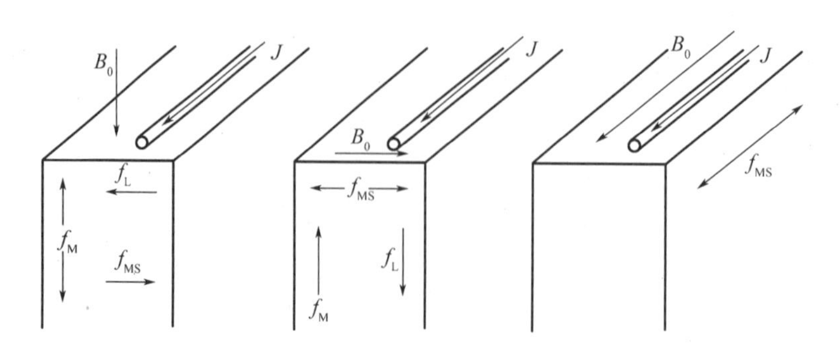

图4.2.2 激发电磁超声的各种力

高频线圈、外界磁场和试件本身均参加了电、磁、声的转换过程。所以,电磁超声换能器由该三者组合。通过人为设计线圈结构和摆放位置或变换线圈内电流频率,可灵活地改变试件质点的受力方向,从而获得所需要超声波形。

电磁超声换能器与传统的压电超声换能器在声发射原理上存在着根本的区别。电磁超声换能器通过电磁耦合,在金属表面产生洛仑兹力或磁致伸缩力,从而产生振动激发超声;而压电超声换能器是给压电晶片加一谐振或激励电压使得晶片发生振动(交变伸缩)产生超声。

电磁超声换能器主要有以下一些特点:

(1)只能对金属材料或磁性材料进行检测。

(2)激发和接收超声波过程都不需要耦合剂,简化了检测操作。由于检测过程中探头不需要与工件表面紧密接触,故能实现非接触测量。可对运动着的物体,处于危险区域的物体,高温、真空下的物体,涂过油漆的物体或粗糙表面。

(3)电磁超声换能器能方便地激励水平偏振剪切波或其他不同波形,能方便地调节波束的角度,这在某些应用中为检测提供了便利条件。水平极化横波对结晶组织的晶粒方向不敏感,因而可以检测奥氏体不锈钢焊缝和堆焊层。只要不存在垂直极化成分,水平极化横波没有波形转换现象,因此能量损失降低,传播距离远。

(4)对不同的入射角都有明显的端角反射,所以对表面裂纹检测灵敏度较高。

测量时激发超声波的强度受提离距离影响较大。检测材料表面状况(粗糙度、覆盖层等)对检测的影响较小。转换效率较低,要求接收系统有较大的增益及较好的抗干扰能力,并进行良好的阻抗匹配,常需进行低噪声放大设计。被测材料特性对检测的影响较大,并且这方面的影响是高度未知和不确定的。

二、检测仪器

电磁超声硬件系统包括激励电路、接收电路以及换能器,包括用磁体、线圈、被测试件三部分组成,电磁超声硬件系统如图 4.2.3 所示。

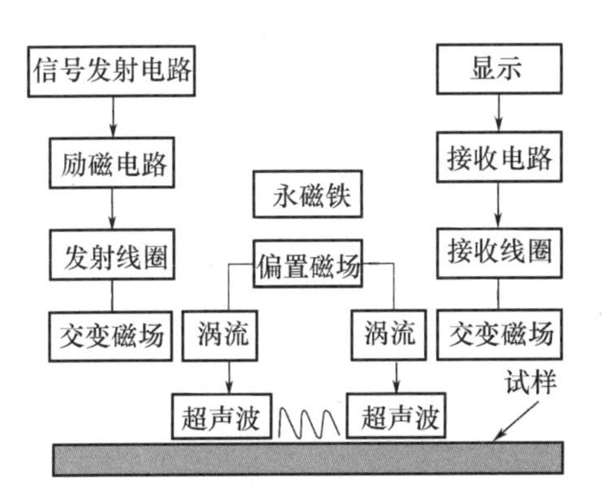

图 4.2.3　电磁超声检测系统整体框图

由此可以看出电磁超声包含了很多小的子系统,每一部分设计的参数的好坏都直接影响最终的检测结果。

电磁超声检测技术可对各种钢棒、钢板及钢管(包括无缝钢管、石油套管、焊管等)等进行手动、半自动和全自动无损检测,可实现非接触在线自动化超声检测。电磁超声检测的速度可达到手动探伤 5 m/min,自动化检测速度最高可达 30～40 m/min。

采用电磁超声检测法检测,每千米大概需要上万元人民币。

三、技术特点

1. 优点

电磁超声检测法需要导电介质,只能对金属材料或磁性材料进行检测。不需要耦合剂,简化了检测操作。由于检测过程中探头不需要与工件表面紧密接触,故能实现非接触测量。可对运动着的物体,处于危险区域的物体,高温、真空下的物体,涂过油漆的物体或粗糙表面进行检测。

EMAT 可激发出所有超声波波形。与传统的超声波技术一样,材料的种类、可能产生的缺陷位置以及缺陷方向,决定了声速方向和振动波形的选择。但在实际应用中,EMAT 技术较之传统的压电超声技术具有明显的优势以及一系列压电超声所无法取代的优点。

(1)无需任何耦合剂

EMAT 的能量转换,是在工作表面的趋肤层内直接进行的。因而可将趋肤层看成是压电晶片,由于趋肤层是工件的表面层,所以 EMAT 所产生的超声波就不需要任何耦合介质。

(2)灵活地产生各类波形

EMAT 在检测过程中,在满足一定的激发条件时,则会产生表面波、SH 波和 Lamb 波。如改变激励电信号频率使之满足下式要求:

$$f = nC/2L\sin\theta(n \text{ 为任意整数})$$

式中,C 为声速;f 为电信号频率;L 为 1/2 波长。

则声波便以倾斜角 θ 向工件内倾斜辐射(但其辐度也随之下降),也就是说,在其他条件不变的前提下,只要改变电信号频率,就可以改变声的辐射角 θ,这是 EMAT 的又一特点。由于这一特点的存在,可以在不变更换能器的情况下,实现波模的自由选择。

(3)对被探工件表面质量要求不高

EMAT 不需要与声波在其中传播的材料接触,就可向其发射和接收返回的超声波。因此对被探工件表面不要求特殊清理,较粗糙的表面也可直接探伤。

(4)检测速度快

传统的压电超声的检测速度,一般都在 10 m/min 左右(国产设备),而 EMAT 可达到 40 m/min,甚至更快。

(5)声波传播距离远

EMAT 在钢管或钢棒中激发的超声波,可绕工件传播几周甚至十几周。在进行钢管或钢棒的纵向缺陷检测时,探头与工件都不用旋转,使探伤设备的机械结构相对简单。

(6)所用通道与探头的数量少

在实现同样功能的前提下,EMA 探伤设备所选用的通道数和探头数都少于压电超声。特别在板材 EMA 探伤设备上就更为明显,压电超声要进行板面的探伤需要几十个通道及探头,而 EMAT 则只需要四个通道及相应数量的探头就可以了。

(7)发现自然缺陷的能力强

用户反馈回来的信息就足以证明了这种说法的可信度,EMAT 对于钢管表面存在的折叠、重皮、孔洞等不易检出的缺陷都能准确发现。

2. 局限性

(1)能量转换效率低下;

(2)需要导电介质;

(3)检测精度和灵敏度较常规超声低;

(4)易受工件材质、形状等影响。

第三节　超声导波检测技术

近年来,随着超声导波理论的发展,将超声导波技术用于海洋油气管道的缺陷检测在国际上已趋于成熟,并成功应用于工程实践中,取得了较好的效果。利用超声导波进行海底管道检测主要应用于三个方面:一是利用导波对海管进行外检测,即采用潜水方式或ROV方式使用导波探头卡环一次检测上百米的海管;二是将导波探头环预装在海底管道上,用导波对海管进行定期监/检测;三是将超声导波检测系统做成管道内检测器,即超声导波 Pig。

一、基本原理

超声导波检测的工作原理:探头阵列发出一束超声能量脉冲,此脉冲充斥整个圆周方向和整个管壁厚度,向远处传播,导波传输过程中遇到缺陷时,缺陷在径向截面上有一定的面积,导波会在缺陷处返回一定比例的反射波,因此可由同一探头阵列检出返回信号——反射波来发现和判断缺陷的大小。管壁厚度中的任何变化,无论内壁或外壁,都会产生反射信号,被探头阵列接收到,因此可以检出管子内外壁由腐蚀或侵蚀引起的金属缺损(缺陷)。根据缺陷产生的附加波型转换信号,可以把金属缺损与管子外形特征(如焊缝轮廓等)识别开来。

英国 PII 公司最新推出的 Teletest Foucs 设备,就是利用低频超声波技术(导波技术)和超声波相控阵原理,对管道的金属损失进行检测。该技术是一种新的管道检测的无损检测方法(NDT),可以在一个测试点对管道的两个方向实施几十米甚至 360 m 的检测,并且能够完成管道的材料100%的检测,检测精度高达3%的管道截面损失,在上百米的管道上的定位精度可达 ±100 mm。该技术开始应用于检验保温层下的石油化工厂的管网系统,现在已经被广泛应用于其他不可能检测的管道情况,如埋藏管道、水下管道、有套筒或抬高的管道等。该项技术检测的目的是对长管道的壁厚快速地进行100%的测试,找出腐蚀或冲蚀的区域,为其他 NDT 方法提供评价的基础,如射线、常规超声波,该技术对于管道内外部的灵敏度是相同的。系统完全由计算机控制、数据采集、显示和分析。

其原理如图 4.3.1 所示。

利用导波对海管进行外检测目前占主导地位,研究和应用的都比较多,主要有英国 SIG 公司和英国焊接研究所(TWI)。英国 SIG 公司的检测方式如图 4.3.2 所示。

上述定期超声导波检测海管的方式需要用 ROV 和潜水作业,检测效率和成本仍然不理想,所以欧盟2005—2008 年的一个基金项目是:研发超声导波检测技术用于海管的状态监测。该项目是要研发一种革命性的新技术——超声导波(UGW)检测技术,以连续监测海管的完整性,以保证其生命周期优化、安全和环境友好地进行油气生产。旨在用超声导波连

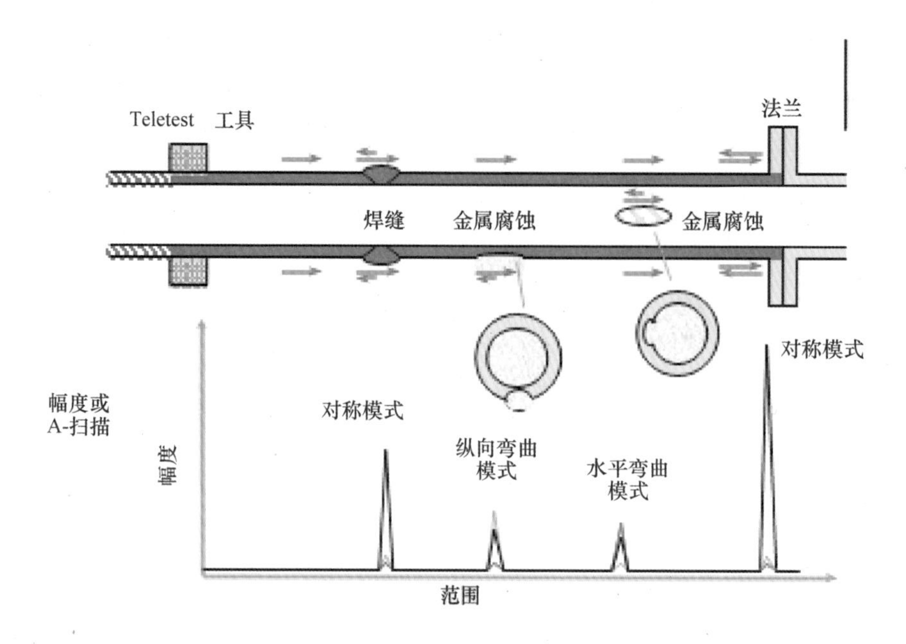

图 4.3.1 Teletest Foucs 设备工作原理

图 4.3.2 海管 ROV 导波检测

续监测这些海管从建造到拆除的整个生命过程的完整性，将各种裂纹和腐蚀缺陷检测出来，并监视其扩展和采取适当措施。这种检测方式如图 4.3.3 所示，将导波探头永久地固定在海管上，定期读取检测数据，进行比较分析。一般来说，这种方式的检测灵敏度比前一种方式提高约 10 倍。

尽管内检测技术对于海底油气管道具有较高的风险，但是英国 SIG(Subsea Integrity Group)集团公司仍然致力于研究用导波卡环式探头检测海底管道，研究永久安装的导波检测系统监检测海底管道，而且还进一步研究介入式(Intrusive)的 Pig 导波检测技术。SIG 公

图 4.3.3　海管超声导波永久监/检测

司通过对 Pig 进行再思考,认为通过用 Pig 技术对海底管道进行在役检测(ILI:In - line inspection),可以用拖拉式的管道清刷器集成超声导波和相控阵超声检测器来检测和定位、定量更细小的缺陷,以满足更高检测控制级别的需求,而研究更好的 Pig 技术装备以便检测更复杂而难以进入的海管系统。这种内检测系统的检测方式如图 4.3.4 所示,这种内检测系统一般也使用绞索车、拖拉管内清刷器、导波检测器、焊缝检测和缺陷定量单元等,它一般还自带有动力单元。

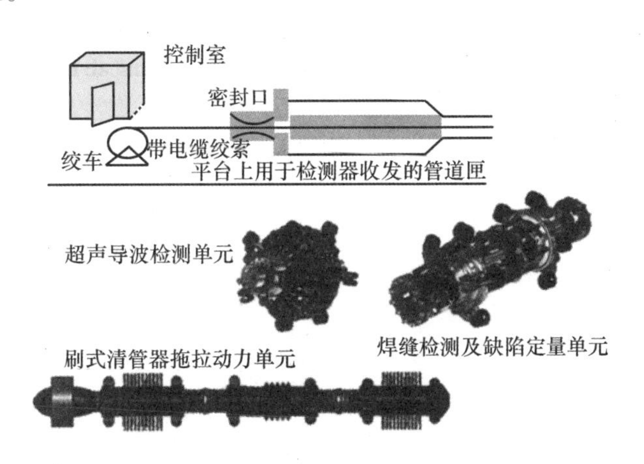

图4.3.4　SIG 公司的海底管道内检测超声导波检测系统示意图

这种在线管道完整性检测工具的主要特点是,采用清刷拖拉器作为推进机构,复合超声导波和相控阵两种检测技术,设计的推进压力 300 bar(约 300 个大气压),工作温度达 80 ℃,拐弯半径为 $3D$;即使管道内没有流体压力也能进行检测,不需对管道进行预清理(因为检测器集成在清管器上),具有几吨的拖动力,并具有双向行进能力,可适用于的海底管道类型有含低速流体的管道、平台上的下行管道和立管等。在管内流体流速 1.5 m/s 的情况下,其平均检测速度为 4 m/min,即使当发生故障或失去动力的情况下,这种非传统意义上的检测 Pig 能自动回缩到最小摩擦阻力模式,以便绞索将其拉回取出来,不致堵在管道中。

二、检测仪器

1. 英国 SIG 公司检测系统

超声导波检测系统如图 4.3.5 所示。

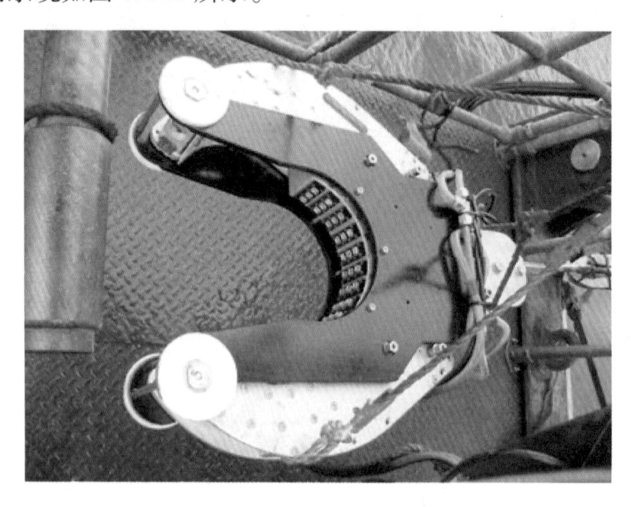

图 4.3.5 超声导波检测系统

2. Teletest Focus 长距离超声波导波设备

(1) Teletest Focus 长距离超声波导波的主机

主机为新设计的 24 通道多模式的系统,是在以前的性能优良的 12 通道的基础上改进型号,与 12 通道具有相同的操作方式,但是其能力却增加了 50% 以上,为更大的检测距离和更高的精度提供强大的电压。还集合了气泵于主机内部。该设备能够产生任意的导波技术中使用的三种主要的波形,纵向、扭转和弯曲波。同样被设计作为相阵列,极大地改进了对于复杂管网的检测。通过发射一个不对称的信号进入弯头,将以与直管相同的方式检验管道的弯头。在管道的纵向和环向的任意一点能够聚焦超声波,从而改善了缺陷的鉴别能力。

(2) 供电电源

Teletest 系统的高能量输出意味着需要外接的电力系统,但是 TWI 公司已经研制使用锂电池块供电,使用时间可达 12 个小时,更适合于野外作业。

(3) 卡具和气囊

卡具材料选用新的高强度碳纤维材料,使其质量更轻,探头的稳定性更好,并且将卡具和气囊集成在一体,同时采用了快锁式结构,操作更方便快捷。对于大于 26 英寸的管道,可以很方便地将前面的卡具组合成大管径的卡具。

(4) 多模式模块(5 探头模块)

新设计的多模式模块比以前的质量减少了 1/3,对于大直径的测量,其意义更重大。模式模块既可以安装产生纵向波模式的探头,也可以安装产生扭转波模式的探头,其主要优点是:在同一次测试能够驱动模块上的 5 个探头, 5 个探头的安装方式是 3 个平向的探头产生纵向波(少于 3 个探头的模块不能够产生纵向波),2 个垂直轴向的探头扭转波,见图 4.3.8。因此,通过安装一次卡具,在发射一种或两种模式的同时,可以接收不同的模式,增加了缺陷的检出率,减少伪陷的误判率。

图 4.3.6　Teletest Focus 主机

图 4.3.7　Teletest Focus 卡具

(5)软件

软件的运行环境是 Windows 平台,使用笔记本计算机,由软件控制下进行检测,能够进行实时采集和快速自动特征分析,尤其适合于多频应用,还有自动报告生成功能,大大提高了检验效率。通过软件还可以控制充气泵给卡具充气。软件中组合了所有普通管道的超声波的声特性参数,应用这些数据库,就能选择两种声波模式(纵向和扭转波)的最佳激励名义试验频率,在选择的频率两侧最多可选择 6 个检测频率,将这不同频率的检测结果进行叠加,根据其重复性评价缺陷的严重程度。

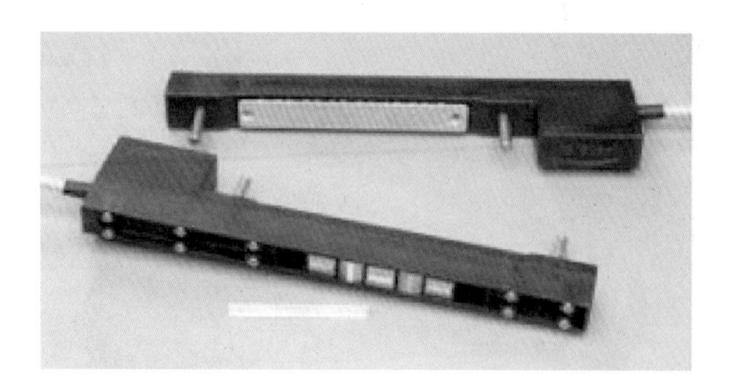

图 4.3.8 Teletest Focus 探头

主机与计算机之间，通信电缆线长达 100 m（大于 100 m 距离可定做），检测人员可以在舒适的流动办公室中采集和分析数据，如越野车中或活动室内操作。超声导波内检测 Pig 检测管道，每千米大概需要几万元。外检测还需要考虑 ROV 及船舶的费用。

三、检测对象

超声导波可以检测的对象包括：

(1) 石油石化设备输油输气管道网络。

(2) 海上采油平台立管网络。

①SCR——裂纹检测和尺寸测量/夹在应力点和飞溅区外部夹具；

②立管与沉箱检查；

③海底管道检测；

④FPSO——船体检查。

(3) 电力能源工业管道网络。

(4) 横穿高速公路套管网络。

(5) 高温管线及伴热管线。

(6) 高速公路悬浮桥梁钢索钢缆吊杆或游乐设施钢缆。

(7) 高压传输电缆铁塔地脚螺栓。

(8) 热交换器管。

(9) 锅炉管。

(10) 板盘件（储罐底板腐蚀检测）。

四、技术特点

采用超声导波检测海底管道，需要采用 ROV 搭载，因此其作业条件受 ROV 及船舶的作业限制。根据 ROV 操作规程规定，当水流速度大于 0.5 m/s、浪高大于 1.5 m、水下能见度小于 10.0 m 或其他环境因素危及潜水员安全时，不应使用 ROV 协同潜水作业。该检测方法适用的水深取决于 ROV 设备的适用水深，通常的 ROV 可以到水下 300 多米。

超声导波检测技术优势如下。

(1) 能够 100% 覆盖被检测结构，进行快速、高效、长距离的检测。

(2) 从可接近的位置远距离检测难以到达的区域，诸如穿墙管线、横穿公路管线或架空管线。

(3)除探头安装区域外,无须开挖或拆除保温层、防腐层,免搭脚手架,从而大大降低检测成本。

(4)在同一位置可以单方向检测几十米到上百米的距离,双方向可检测更长的距离;能够识别管道特征与腐蚀信号其他缺陷特征。

(6)基于信号强度和特征对管道的局部损坏严重程度进行分类。

(7)干耦合和胶粘两种耦合方式,提高操作灵活性。

(8) Windows 操作系统,能够进行快速实时采集和信号分析,自动生成检测报告;软件界面友好,操作简单,缺陷显示直观;仪器操作简单,可以直接开关机,检测前无须调试仪器;可以采用电池供电以满足现场的使用,电池充电可工作 8 h。

(9)结构紧凑,主机、蓄电池和计算机内置在一个坚固的运输箱中,便于携带和运输;主机上各种 LED 指示,监测仪器的运行状态;条带式线圈探头,成本低廉,质量小,降低操作者的劳动强度;可以永久地安装在重点结构或高温管道上,用于结构腐蚀状态的长期检控。

(10)应用范围广泛,不但可以用于各种工业管网的腐蚀检测,还可以用于高温管线和伴热管线的检测、储罐底板的腐蚀检测、换热器管道的检测、悬浮桥梁或游乐设施钢索的检测和高压传输线铁塔的锚杆检测等。

五、检测作业指标

(1)流量条件:18 英寸的管道为 1.5 m/s;8 英寸的管道为 6 m/s。

(2)速度:2 ~4 m/min。

(3)探头可操作温度范围: -45 ~938 ℃。

(4)适应管径范围:1.5 ~80 英寸或甚至无限大直径管道。

第四节　超声波流量计检漏法

一、基本原理

Controlotron 公司建立了以超声流量测量技术为基础的泄漏检测技术。超声流量测量泄漏检测技术花费低,易于安装、维修和运作。根据 Controlotron 公司的使用手册,首先把管道分成几段,每段的两端有两个工作站用来监测流体只能从一个入口进入,从一个出口流出。每个工作站由流量计、温度传感器和计算机组成。在每个站点对流量、流体和外部空气的温度、液体声波传播速度和站点诊断情况进行检测和计算。主站从分站收集数据进行体积平衡计算。该过程主要对通过每一段的流入体积进行监测,然后用反映流体物理和环境情况的软件模型对流出体积进行分析比较。积分时段短表示泄漏量大,积分时段长表示泄漏量小。

二、检测仪器

超声检测流量计检测法可用于海底输油管道,对于输气管道检测效果不太理想。这种检测系统(图 4.4.1)由安装在管道外部的电子设备组成,检测时不影响管道的正常运行,进行泄漏检测的同时可以提供流速数据。已经成功用于海底和极地地区的管道泄漏检测。

对气体管道进行泄漏检测时效果不理想。

由于采用监控流量的方法,因此只需要使用陆地上或者ROV的数据采集系统采集数据即可,其作业条件不受海况及气象条件影响。无需船舶及车辆的配合,对水和土壤导电性无要求,对水和空气的能见度要求低,检测时无需潜水员及ROV配合。收集数据时若用到ROV,则需遵循ROV的作业条件。超声流量测量泄漏检测技术花费低、易于安装、维修和运作。

图4.4.1 超声波流量计

三、技术特点

1. 超声波流量计测量方法的优点

(1)低成本且可靠性高;

(2)非接触式;

(3)先进的控制器能够智能接收处理回波,区分虚假回波(由阶梯、材料堆积和焊缝引起的)和材料回声;

(4)自清洁感应器。

2. 超声波流量计测量方法的局限性

(1)多灰尘的环境中,可以阻碍传感器返回的信号;

(2)高温材料也将改变传输的速度,从而导致测量误差;

(3)倾斜面可能会导致间接反射,引起测量误差。

第五节 超声波检测爬行器

一、基本原理

19世纪80年代爬行器和超声波检测系统结合起来。国外最先将超声波技术引入腐蚀检测智能爬行器的是日本NKK(日本钢管株式会社)和德国的Pipetronix公司,以后加拿大、美国等也相继研制了这类超声爬行器。爬行器带有一组超声波传感器,这些传感器能够发射和接收声脉冲,并且能够用回声来检测管道壁厚。

这些工具能够检测管道内部的缺陷,例如氢腐蚀。可以检测到腐蚀量为管道壁厚10%的腐蚀和5 mm^2 的点蚀。超声波系统要求传感器和管道壁之间有耦合介质,因此超声波爬行器只能够用于液体管道或者爬行器发射和接收装置周围有液体的气体管道。管道内部的清洁度比磁通爬行器的要求高。超声波爬行器有时不能够检测到被污物填充的腐蚀坑。传统的超声波爬行器不能检测应力裂纹,但能够检测比较严重的氢腐蚀。现在的超声波爬行器使用了角度传感器能够检测环状裂纹但不能够检测纵向裂纹。

二、检测仪器

图4.5.1所示为超声波检测爬行器结构图。

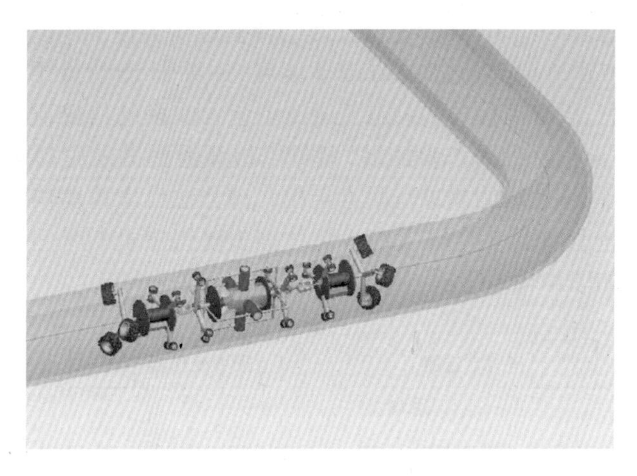

图 4.5.1　超声波检测爬行器结构图

超声波系统要求传感器和管道壁之间有耦合介质，因此超声波爬行器只能够用于液体管道或者爬行器发射和接收装置周围有液体的气体管道。采用超声波爬行器对海底管道进行检测时，大概每千米需要几万元人民币。

用超声波爬行器检测输油管线时，要求在检测前进行清管处理。另外，该技术对管线的转弯直径也有要求。一般要求管线转弯直径至少要达到管道的 1.5*D* 以上。但其作业条件不受海况及气象条件影响。无需船舶及车辆的配合，对水和土壤导电性无要求，对水和空气的能见度要求低，无需潜水员及 ROV 配合。

三、技术特点

超声波爬行器比高分辨率的磁通爬行器价格高，但比其敏感性高，最小能够检测到腐蚀量为管道壁厚 10% 的腐蚀。和磁通爬行器一样，超声波爬行器能够给出整条管道的全部信息并对管道的运行有最小的影响。由于传感器和管道之间需要有介质，因此气体管道中若没有液体介质输送超声波，超声波爬行器是不能进行检测的。

第六节　负 压 波 法

一、基本原理

当管道因人为破坏、材料失效、外界机械撞击等原因发生泄漏时，由于管道内流体压力很高（对原油长输管道，压力可达几个 MPa），而管道外一般为大气压力，管内输送的流体在内外压差的作用下迅速流失，泄漏部位产生物质损失，这会引起发生泄漏场所的流体的密度减小，进而引起管道内此处流体的压力降低。由于流体的连续性，管道中的流体速度不会立即发生改变，流体在泄漏点和与其相邻的两边的区域之间的压力产生差异，这种差异导致泄漏点上下游区域内的高压流体流向泄漏点处的低压区域，从而又引起与泄漏点相邻区域流体的密度减小和压力降低。这种现象从泄漏点处沿管道依次向上、下游方向扩散，在水力学上称为负压波，也可称为“负压力波”“减压波”“瞬态负压波”等。本书将泄漏引起的这种压力变化过程称为“负压波”。负压波的传播过程类似于声波在介质中的传播，它的传播速度是声波在管道输送流体中的传播速度，原油管道中负压波的传播速度约在100～1 200 m/s之间。沿管道传播的瞬态负压波中包含泄漏的信息，在管道两端安装压力传感器捕捉到包含泄漏信息的瞬态负压波，就可以检测泄漏的发生，并根据泄漏产生的瞬态负压波传播到管道两端的时间差进行漏点定位。该方法反应速度快和定位精度高，能够及时检测出泄漏，防止泄漏事故扩大，为减少流体损失赢得宝贵的时间，是一种受到广泛重视的泄漏检测方法，如图4.6.1所示。

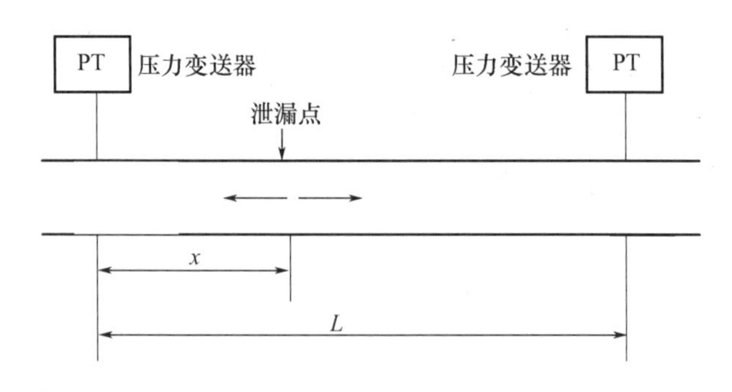

图4.6.1 负压波泄漏定位示意图

设L为管道长度，X为泄漏点到首端的距离，负压波传播速度为a，管道内流体流速为a，一般a比v大3个数量级以上，这样可认为负压波从首端传到末端的时间与从末端传到首端的时间相等，实际由泄漏点x处产生的负压波传到首、末端所需的时间分别为t_1，t_2：

$$t_1 = \frac{x}{a - v} \tag{4-1}$$

$$t_2 = \frac{L - x}{a + v} \tag{4-2}$$

当液体管道出现泄漏时，其两个端点的压力急剧下降，根据两个端点压力传感器所检测到的压力剧降的时间差，即可估算泄漏位置，依此还可以判别出是正常生产时站内压力调节所产生的压力波动还是意外泄漏。因为站内调节产生的波动传播到另一端的计算距离恰为管线的全长，即$X = L$。

$$\Delta t = t_1 - t_2 = \frac{x}{a - v} - \frac{L - x}{a + v} \tag{4-3}$$

$$x = \frac{1}{2a}[L(a - v) + (a^2 - v^2)\Delta t] \tag{4-4}$$

式中 L——管道长度，m；

x——泄漏点到首端距离，m；

a——管道中负压波的传播速度，m/s；

v——液体流速，m/s；

Δt——负压波到达首末端时间差，s。

在实际的泄漏检测系统中，总是采集压力传感器送来的数据，分析采集到的数据序列，从中寻找泄漏信息。精确确定泄漏引发的负压波传播到上、下游传感器的时间差，就必须先确定瞬态负压波传到管道首、末端的时刻，即需要准确地捕捉到泄漏负压波传到首、末端信号序列的对应特征点。而由于不可避免的工业现场的电磁干扰、输油泵的振动等因素的存在,采集到的压力波形序列附加着大量的噪声,如何从噪声干扰中准确地分离出信号的特征拐点是一项关键的技术。相反,如果处理不当,则极易受噪声的干扰,引起误报警。

二、检测仪器

1. 检测仪器的组成

该检测仪器有以下及部分组成。

(1)计算机系统:在管道的上下游两端各安装了一套工业控制计算机,用于数据采集及软件处理。

(2)一次仪表:压力变送器、温度变送器、流量传感器。

(3)数据传输系统:两套扩频微波设备,用于实时数据传输。

2. 作业条件

负压波属于在线监测方法,只需要实现安装截止阀及压力测点,即可用检测系统进行泄漏检测盒定位。其作业条件不受海况及气象条件影响。无需船舶及车辆的配合,对水和土壤导电性无要求,对水和空气的能见度要求低,无需潜水员及 ROV 配合。

为管道安装一套负压波检测系统成本在 30 ~ 50 万。

三、技术特点

该方法灵敏准确,无须建立管线的数学模型,原理简单,适用性很强,在液体长输管道中应用广泛。但由于负压波受介质、管材、温度等因素影响较大,波速计算精度不足,而且该方法要求泄漏的发生是快速突发性的,对微小缓慢泄漏不是很有效。

在我国该方法主要用于输油管道,并取得了令人满意的效果,但在输气管道上的试验并不多。但也文献指出,负压波法完全适合于气体管道的泄漏检测,ICI 公司曾经使用负压波法在乙烯管道上进行过成功的试验负压波法。使用压力波法时,应当选用只对负压波敏感的压力传感器(因为泄漏不会产生正压波),传感器应当尽量靠近管道,而且要设定合适的阈值,这样可以更好地抑制噪音。

四、检测作业指标

(1)用压力和流量信号联合检漏,负压波法定位。对于大于 3% 的泄漏量,可在 200 s 内报警,定位精度最小为 5% ,胜利油田现场安装运行。

(2)采用负压波法进行泄漏检测和定位。在英国天然气管道上应用,管道长 220 km,内径 560 mm,每隔 10 km 安装一个截止阀,两个截止阀间安装 5 个压力测点。该系统能在 60 s内检测出直径为 6.4 mm 的泄漏点,定位精度在为 152 m。

(3)采用负压波法进行泄漏检测和定位。基于 LabVIEW 开发平台,利用修正的压力波速度公式,系统能在泄漏的 200 s 内反应,定位误差为被测管长的 2% 。

(4)清华大学与胜利油田油气集输公司联合研制的长输管道泄漏监测系统采用负压波进行泄漏检测和定位,利用小波变换法和相关分析法同时进行判漏。该检漏系统对 32 km 管道进行在线监测,技术指标为:最小检测泄漏量 5 m^3/h,约为总泄漏量的 0.6% ,漏点定位精度为全管长的 2% 左右。

第七节 压力点分析法

一、基本原理

压力点分析法(Pressure Point Analysis,PPA),是一种用于气体、液体和某些多相流管道泄漏检测的方法,其原理是对管道的压力和流量的变化率进行检测当管道处于稳定状态时,压力和速度以及密度分布不随时间变化。在设备(泵和压缩机)供能增大或减少时,流体的速度、压力和密度分布的变化是连续的。一旦稳定状态受到某一事故的干扰,管道将向新的稳定状态过渡。PPA 法在检测点检测流体从某一稳态过渡到另一稳态时管道中流体的压力和速度的变化情况,然后应用计算机处理这些原始数据,以确定管道是否存在泄漏点。美国谢夫隆管道公司(CPL)将 PPA 法作为其 SCADA 系统的一部分。试验结果表明,PPA 法具有良好的检漏性能,在 10 min 内能确定 0.189 m^3/min 的泄漏量。但 PPA 法要求捕捉管道泄漏的瞬间信息,所以不能检测微小泄漏。

二、检测系统

对于压力点分析方法来说,其检测设备主要包括以下两个部分:

(1)相应的计算机分析系统;

(2)在管道相应位置安装压力传感器。

一套检漏系统的市场价格在人民币 30 万元左右。研究所提供给代理价格除去现场仪表(如流量计、压力变送器等)以及通信部分(如电台、光纤网络等),仅检漏系统的软件和核心数据采集模块 RTU(每站一个计算),价格为 15 万元人民币。

三、技术特点

该方法可用于气体、液体和某些多相流管道泄漏检测。

压力点分析法同负压波法类似,其作业条件不受海况及气象条件影响。无需船舶及车辆的配合,对水和土壤导电性无要求,对水和空气的能见度要求低,无需潜水员及 ROV 配合。

该方法可用于管道泄漏定位,但是缺点是误报较多,而且由于该方法要求捕捉管道泄漏的瞬间信息,所以不能检测微小泄漏。

四、检测作业指标

一般来说,压力点分析法可在几秒内检测出漏孔直径最小为 1.6 mm,泄漏量最小可达管输流量的 0.1%,超过 160 km 灵敏度降低。下面以“五色石”管道泄漏监测系统为例介绍该技术的作业指标和价格。

1. 技术指标

“五色石”管道泄漏监测系统技术指标:

(1)该系统可检测到的泄漏量 < 总输量的 1%;

(2)定位误差, ±200 m;

(3)泄漏检测定位和报警均在泄漏发生后2 min内完成。

2. 应用情况

该系统已在胜利油田油气集输总厂东辛线、孤永东、孤罗东,清河采油厂外输线,滨南采油厂稠油首站—末站、末站—东营原油库、四矿联合站—稠油首站,石油化工总厂,海洋采油厂,中原油田输油处胡状联—油库、辽河油田油气集输公司坨鞍线,江苏油田采油一厂等47条共900多千米长的管线上推广应用,已经现场应用管道的介质包括原油、油水混合物、柴油、浓硫酸(93%)、和盐卤等介质。

第八节　Smart Ball泄漏检测

一、基本原理

Smart Ball(智能球)是一项结合了声学泄漏检测与在线检测100%覆盖能力的新兴技术。该工具为球体形状,直径比管线直径小,在管线内能自由滚动,因此智能球能在管线内安静滚动,实现微小泄漏检测。使用常见的清管器收发装置可收发智能球,但因为智能球的大小及形状特征,即使管线由于障碍物无法清管,仍可采用其他方法收发智能球。

智能球的形状不同于传统的圆柱形在线检测设备或“清管猪”,其球面形状能大大减弱设备在管道内行进时产生的噪音,敏感性极高的传感器亦不受外界干扰。因此,智能球对管道内任意微小声学故障敏感度都极高,亦能检测到非常小的泄漏。

与圆柱形工具相比,球面形状工具另一大好处不仅在于设备的投放与收回时灵活性更高,而且可适用于不同尺寸大小的管线孔径、弯曲半径小以及管线可能存在阻碍物的情况。智能球在管道内行走无需清管器接收器,也可通过许多无法清管的位置。可检测液体及气体介质管线。智能球内部如装有加速度计可记录位置,也可同常见清管猪定位方法一样通过GPS与地表感应器同步确定位置,泄漏点定位可控制在±1 m范围以内。智能球整个球体全封闭,无金属部件暴露在管线内部环境中,有效确保其即使在不利的工作条件下仍能正常作业的可靠性,也提高了智能球在易燃管线,如油气管线内作业的安全性。目前,油气管线检测里程已接近5 000 km。图4.8.1显示出智能球外形及内部结构。

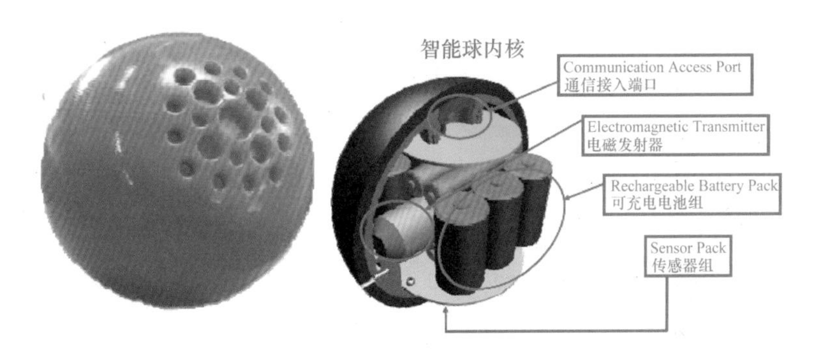

图4.8.1　智能球外壳及内部结构

智能球一次投放取出后,采集数据将下载传至电脑供数据分析。数据分析过程时间短，通常情况下，在现场人员离开检测现场之前就能得出数据分析结果：管线是否存在泄漏。智能球记录的数据包括被检测管线段一个连续的高保真的声学记录，覆盖了大范围的频率。通过骤增的声音强度与频谱特征来识别泄漏，随后多次重叠记录可分辨不同检测之间的变化，以此增强检测灵敏度。

二、检测仪器

Smart Ball 泄漏检测技术可检测输送的介质为：原油、合成原油、天然气和液化天然气等的海底及陆上管道。

智能球系统组成如下图 4.8.2 所示。

图 4.8.2 智能球检测系统

Smart Ball 泄漏检测环境为：

最大压力：138 bar(2 000 psi)

温度范围：-10 ~ 70 ℃

输送的介质为：原油、合成原油、天然气和液化天然气等。作业条件不受海况及气象条件的影响，无需船舶、车辆、ROV 或者潜水员的配合。对水深及埋深无要求，对水及土壤导电性无要求，对空气及水中能见度要求低。

由 Pure Technology 生产的 Smart Ball 泄漏检测系统大约几十万元人民币一套，可重复使用。

三、技术特点

Smart Ball 泄漏检测的优点在于：

(1)卡堵风险低，易于实施；

(2)电池寿命长，允许长距离检查，一次实施能够检测管道全程；

(3)高灵敏度，高精度和高可靠性，可检测泄漏量为 0.016 GPM(0.06 LPM)泄漏，比其他检测方法更敏感；

(4)可以机动、快速、轻松地通过管道，不同于常规检查系统；

(5)Smart Ball 质量小，易于运输和工具准备；

(6)基于水管线行业的成熟技术开发。

四、检测作业指标

智能球检测可以根据不同的管线制定不同的检测方案，以 Transpetro 巴西石油运输公司检测为例，其检测作业指标如下。

检测管线总长度：100 566.0 m。

管线材质：钢管。

管线直径：18 英寸。

模拟泄漏数目：2。

被检测到的未知泄漏点数目：1。

检测时长：2 天 10 小时 42 分钟。

平均智能球速率：0.5 m/s。

第九节　水听器（声呐）外部探测

一、基本原理

Smart Ball 是内置式水听器，在管道内部运行收集声音信息。压力管道泄漏产生的声音或振动同时向内外两侧传播，因此管道外部同样存在管道泄漏的声音信号，这是水听器在管道外部探测泄漏的基本原理。相对于内部检测而言，水听器在外部进行探测面临更多的噪音（包括海洋背景噪音、船舶噪音、ROV 噪音等），随着近年来滤波技术和软件技术的发展，这种方法逐步得到实现。目前的水听器泄漏探测既有方便潜水员和 ROV 携带的小巧的探头形式，也有适合水下生产系统长期监测的水听器阵列装置（声呐）。

二、检测仪器

对单个水听器探测时，其局限在于探测角度窄，仅能探测水听器前方 24°范围内的锥形体积。对于水听器阵列，则适合监测管道和水下生产设施较密集的油田群。相对于内部检测而言，其优点是灵活性更大，适合局部区域的反复搜索。另外该设备的软件系统能够实时显示检测数据，还可以通过多通道系统与其他检测设备配合，同时作业，水听器探头设备如图 4.9.1 和图 4.9.2 所示。

ALD Naxys™是一种可在海底环境检测液体和气体泄漏的超灵敏的仪器。仪器包括一个三维数组水听器和先进的数据处理（图 4.9.3）和通信单元。先进的信号处理提供最佳的检测，并检测出泄漏位置。ALD 有一个内置的自我诊断系统和对安装操作最低限制的坚固设计。以下为 ALD 系统的组成。

水听器可以直接安装在海底的设施上进行检测。如图 4.9.4 所示为将水听器直接安装在海底的型板顶端进行检测。安装时需要 ROV 设备，作业条件需要符合 ROV 等关于水深、流速及能见度的作业要求。

可检测的对象包括：碳氢化合物（气体和液体）、液压油和生产水。

水听器系统大约几十万元一套，后期维护费用较低。

Sensor dimentions:Diametre:55 mm Length:250 mm

图 4.9.1　海王星(NEPTUNE)公司的水听器探头

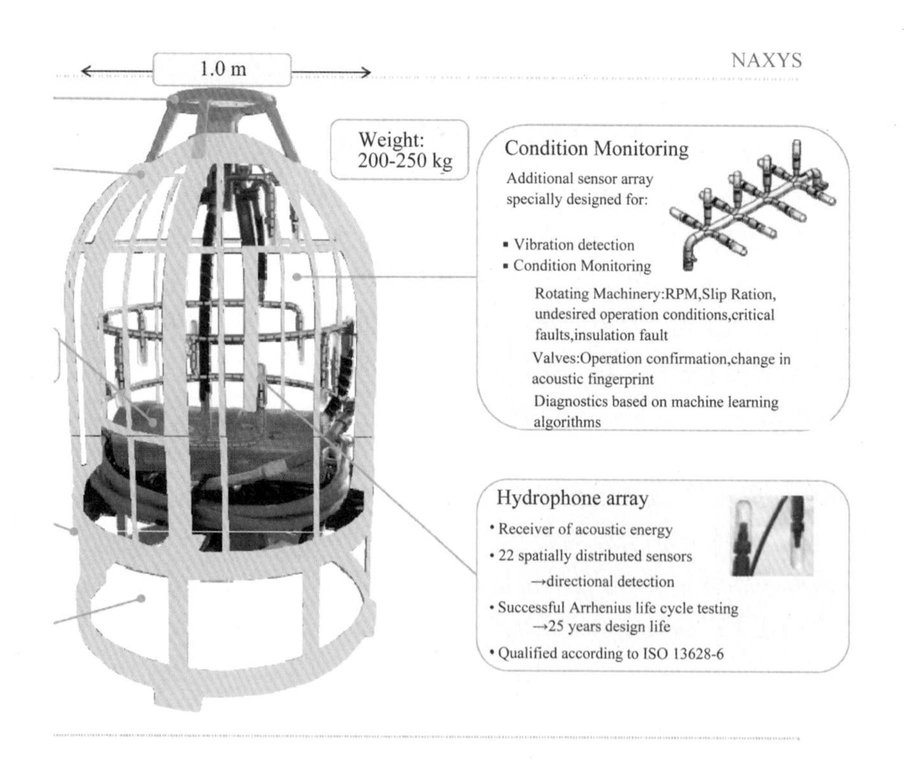

图 4.9.2　NAXYS 公司的水听器探头阵列

三、技术特点

1. 检测范围广

ALD 传感器检漏半径可达 500 m。通常情况下，一个 ALD 涵盖了多种模板和与其相邻的基础设施。

图4.9.3　海底数据处理模块

图4.9.4　水听器的安装位置

2. 安装方便

由 ROV 安装。电源和通信都是通过可在水下用的连接器。与所有常见的海底控制模块接口相同。

3. 没有维护要求

ALD 设计寿命为 25 年,无须进行过程维护。功能测试建议每两年进行一次。

四、检测作业指标

尺寸和质量:直径 1 m、高度 1.75 m、质量在空气中的 200 ~ 250 kg。

材质:钛和电气绝缘 CP 系统。

设计规格:符合 ISO13628 - 6 标准,操作深度为 500 m,设计寿命为 25 年。

通信方式为以下几种方式:

(1)以太网 TCP/IP;

(2)MODBUS/TCP;

(3)MODBUS RS - 422(IWIS);

(4)Modbus RTU 通信 RS - 485;

(5)CANopen;

(6)可选其他方式。

电源系统包括:18 V DC 至 34 V DC,20 W、ODI 或可在水下用的变速器对接插件、可选其他方式。

其他配件:底座、模拟器、上部服务电脑和其他传感器选项。

第五章　目视/示踪剂监检测方法

第一节　放射性同位素法

一、基本原理

这是一个气体检测系统，可以分析管道周围土壤中的气态碳氢化合物的状态判断泄漏。这种同位素方法通过对土壤的监测已取得泄漏检测的专利性成果。

这种方法用特有的、无害的高挥发性同位素化合物来监测管道。美国环保署通过对检测管道下面和邻近的浅层非饱和土壤中的惰性、易挥发同位素化合物检测管道泄漏。每百万的管道容积中加一定量的同位素，对流体的物理特性基本不产生影响。几周内，任何泄漏出管道外的同位素随着燃料散开、扩散到周围土壤的空气中并且快速汽化。探测器安放在管道周围的土壤中，泄漏检测软管沿管道布置。通过探测器和软管收集油气，用气体色度图进行同位素分析。该方法可以检测到油气中一万亿分之一的同位素，不论泄漏的范围和长度。化合物同位素法能够把误差减小到几英尺①之内。图 5.1.1 是 Tracer Research 公司研制的土壤检测法泄漏检测示意图。

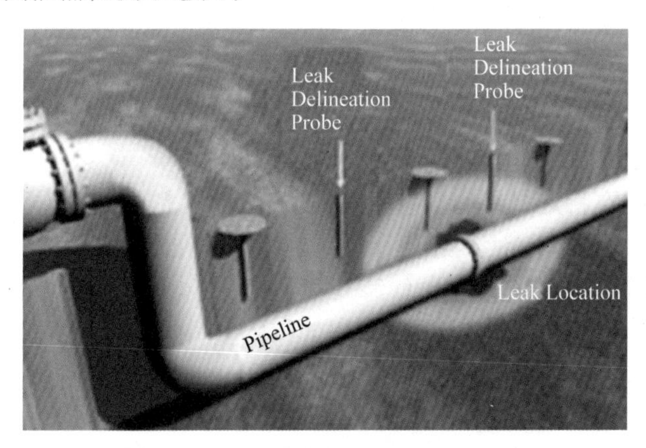

图 5.1.1　土壤检测法泄漏检测示意图

该方法的优点是能够对多相流管道进行泄漏监测，不受早期泄漏的影响，减小了误报警，有限地对海底和极地地区的管道进行泄漏检测。其局限性是不能用于地面上和水下的管道，只能用于埋地的管道检测或者海洋输油输气管线的登陆段管道的检测。长管道由于需要传感器和化学物质较多，费用较高，因此不适用于较长管线。

---

① 1 英尺 =0.3048 m

二、检测仪器

气体检测法的检测系统如图5.1.1所示，探测器安放在管道周围的土壤中，泄漏检测软管沿管道布置。通过探测器和软管收集油气，用气体色度图进行同位素分析。

该方法能够对多相流管道进行泄漏监测，不受早期泄漏的影响，减小了误报警，有限地对海底和极地地区的管道进行泄漏检测。不能用于地面上和水下的管道，只能用于埋地的管道检测或者海洋输油输气管线的登陆段管道的检测。

该系统需要在管线沿线安装探头及探测器，且可多次使用。因此其费用主要是系统的采购及安装费用，后期检测及维护费用较低。其系统费用大约为每千米几万元人民币。

三、技术特点

该方法主要适用于埋地的管道检测或者海洋输油输气管线的登陆段管道的检测，因此海洋条件及气象条件对其作业条件影响不大。无需船舶及车辆的配合，对水和土壤导电性无要求，对水和空气的能见度要求低，无需潜水员及ROV配合。并且可以检测到油气中一万亿分之一的同位素。不论泄漏的范围和长度，化合物同位素法能够把误差减小到几英尺之内。

该方法的优点是能够对多相流管道进行泄漏监测，不受早期泄漏的影响，减小了误报警。有限地对海底和极地地区的管道进行泄漏检测。其局限性是不能用于地面上和水下的管道，只能用于埋地的管道检测或者海洋输油输气管线的登陆段管道的检测。长管道由于需要传感器和化学物质较多，费用较高，因此不适用于较长管线。

第二节　荧光剂/染色剂

一、基本原理

荧光剂或染色剂在特定光线的照射下，可以激发出荧光，通过对荧光的探测，即可以确定泄漏所在的位置，这是荧光剂探测泄漏的基本原理。在水中使用时存在两个限制：考虑环保的要求，荧光剂浓度不得超高；此外海洋中的部分生物本身就可以发出荧光。因此荧光剂法探测泄漏，其关键设备是荧光仪。NEPTUNE公司的水下荧光仪可与多参数装置集成在一起进行使用，具有高精度、低价格和体积小等特点，使得它在海洋、淡水及染料示踪等方面具有广泛的应用价值。

在NEPTUNE公司开发的多通道水下泄漏探测系统中，常常是两种水下探测方法一起使用(例如荧光剂法和水听器法)以获得准确的泄漏定位。荧光仪实物图如图5.2.1所示。

荧光法检测效果图如图5.2.2所示。

染色剂是在管道投产前进行水压试验时最常用到的一种探测管道泄漏的手段，也可用于水下设施维修后的密封性能测试(如脐带缆中液压油动力管线密封测试)。

二、检测仪器

荧光剂或染色剂方法可用于海底输油管道的泄漏检测，不能检测输气管道。图5.2.3为Weatherford公司的染色剂探测系统。

图 5.2.1　NEPTUNE 公司的荧光仪实物

图 5.2.2　荧光法水下检测效果

图 5.2.3　Weatherford 公司的染色剂探测系统

Weatherford公司的染色剂探测系统采用低浓度染料、有机烃类和微量的化合物，提供早期检测。即使是最小的泄漏，也可以快速检出。不受管道输送的产品、水流及能见度影响，甚至最小的压差条件，也可以快速检出泄漏。该系统的高度敏感性、通用性和检测速度，有助于最大限度地发现泄漏，减少损失。该检测系统大约几万元人民币一套。可直接搭载到ROV或潜水员上。如果单独采用该系统检测，需要考虑ROV及潜水员的费用。

Neptune荧光剂探测浓度最低可达2ppb（Roemex 9022 and Castrol SPF），Weatherford染色剂探测浓度最低可达1ppb。

三、技术特点

（1）该检测方法不受管道输送的产品、水流及能见度影响，甚至最小的压差条件，也可以快速检出泄漏；

（2）荧光剂、染色剂只适用于液体介质泄漏；

（3）探头体积高度集成，可用于3 000 m水深（特制探头可达6 000 m）；

（4）可作为传感器方便地安装到多搭载装置上（潜水员、ROV、AUV）；

（5）Neptune荧光剂探测浓度最低可达2ppb（Roemex 9022 and Castrol SPF）；

（6）Weatherford染色剂探测浓度最低可达1ppb；

（7）实时模拟信号输出；

（8）优越的性价比。

第三节　目　视　法

一、基本原理

目视法可以分为用于海面巡查的总体探测和用于水下验证的局部检测。

对陆地管道总体巡查方式主要有人工、机动车辆，民用无人飞行器巡查也有使用。对海底管道的总体巡查主要是船舶巡线，巡线效率和范围有待于提高。天津海事局于2012年4月在海面巡查中引入了无人机，该无人机携带高清摄像机，可以将海面画面实时传回控制中心，这在国内是首创。这种监测方法效率高、范围广，但是目前只能监测海面油污。巡查无人机及设备如图5.3.1和图5.3.2所示。

用于水下验证的目视法主要包括潜水员观察及ROV摄像检测，能见度较好的情况下可以通过潜水员或ROV水下摄像抵近观察的方式来确定泄漏位置和大小，如图5.3.3所示。

水下机器人，也称无人遥控潜水器，是由水面母船上的工作人员，通过连接潜水器的脐带提供动力，操纵或控制潜水器，通过水下电视、声呐、测量探头等专用设备进行测量和观察，还能进行水下作业的可编程可控制智能化水下设备。

水下机器人按照其运行方式可分为遥控潜水器（Remote Operated Vehicle，ROV）和自治水下机器人（Autonomous Underwater Vehicle，AUV）两种，其中ROV是有缆机器人，适用于水下调查、探测、监测和测量等作业；而AUV是无缆机器人，适用于水下焊接、水下切割、拧管子和水下打捞等水下作业，一般都带有机械手。对于海底管道的防腐状态检测工程，有缆水下机器人的控制操作相对容易，可对其进行实时控制，供电、定位、导航和数据传输都更方便实现。

图 5.3.1　天津海事局无人机巡查作业

图 5.3.2　无人机携带的装备

图 5.3.3　潜水员观察管道泄漏情况

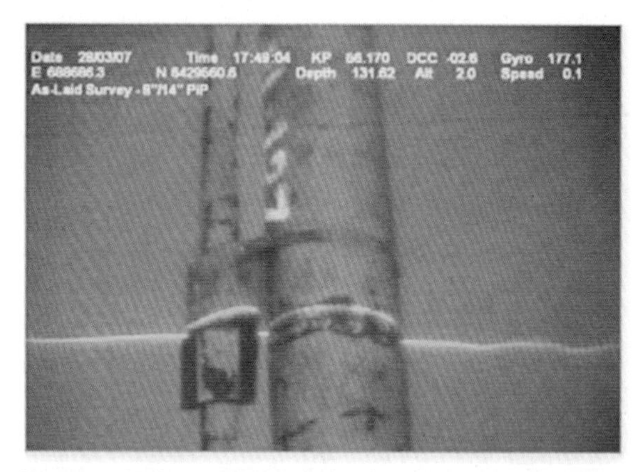

Screen grab from an ROV centre camera during an As-Laid Survey

图 5.3.4 ROV 水下录像画面

二、检测仪器

下面以无人飞机系统为例进行介绍,图 5.3.5 为无人遥感飞机。

图 5.3.5 无人遥感飞机

该方法作业条件对气候要求比较严格,要求风力较小,且空气中能见度较高。

该系统由无人遥感小飞机系统、任务载荷系统、数据处理系统等组成,是航空、信息、自动化控制、微电子、计算机、通信、导航和传感器等多个学科技术的集成应用。其系统模块机功能如图 5.3.6 所示。

该无人机遥感飞行系统,利用无人驾驶飞机为平台,一高分辨率专业相机的大幅数码相机为任务载荷,以航测数据快速处理系统为技术支撑,进行 300 ~ 800 m 低空的数码航空摄影。通过"3S"技术在系统中集成应用,具有实时对地观测能力和航摄数据快速处理能力,可为用户提供 0.2 ~ 0.5 高分辨率的正影摄像图,提供更好的可视化的数据基础。

该检测方法成本较高,陆上管道每千米大概需要上万元人民币。海洋泄漏检测成本将

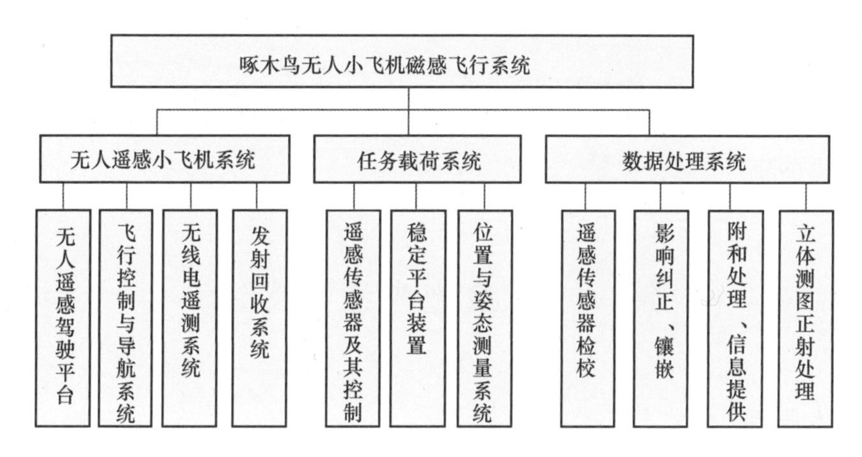

图 5.3.6　无人飞机检测系统

更高。

三、技术特点

此方法的无人飞机的检测对象为：管道巡检，管道地质灾害监测，管道线路勘察设计地形图，管道沿线高清晰、高分辨率正射影像，管道沿线航空测量，油库、平台等高分辨率影像，海平面上石油泄漏图像。

1. 优点

(1)可用于无人区或者人无法到达的区域进行巡检和监测；

(2)飞行系统载荷可以是照摄系统也可以是录摄系统，实施性强；

(3)飞行系统自主按照指定的路线巡检及监测；

(4)性能优异，操作简单，可靠高分辨率遥感影像数据获取能力。

2. 局限性

对气候要求较高，要求空气能见度较高，风力不超过飞机设计的范围。无人飞机不能用于海洋水下监测。如需进行水下监测，需要采用 ROV 系统。

无人飞机作业指标如下：

(1)飞行高度：100 ~ 4 000 m；

(2)飞行速度：90 ~ 160 km/h；

(3)续航时间：2.0 h；

(4)飞行半径：100 km。

第六章　激光/射线监检测方法

第一节　激光光纤传感法

一、基本原理

激光光纤传感法的检测原理为管道泄漏引起附近的光纤振动，最终通过激光干涉技术来探测引起光导纤维振动的部位，采用软件分析激光的变化特性从而确定压力管道泄漏的部位。

光导纤维振动监测传感器可根据需要来制备，长度可为0～60 km。当光纤传感器受到物体运动（比如径向或轴向压缩、拉伸和弯曲等）或声信号（如应变波或声发射波）的扰动时，传感器的响应将是扰动引起光纤敏化部分的函数。目前制造传感器的响应频率范围为0.1 Hz～100 kHz。

光导纤维振动监测传感系统可与光导纤维通信工程使用同一条光缆甚至同一根光导纤维，因此不需要专门铺设光缆。

二、检测仪器

根据上述原理，澳大利亚FFT公司已经开发出专门用于压力管道的光纤管道安全监测系统。该系统终端硬件由位于控制室的一台工业PC计算机（PⅢ以上）、一个激光发射器和三个光电转换器组成。如采用光纤末端反射技术，只需要一台终端设备；如采用一端发射，另一端接受的模式，则需要两台终端设备。该系统需要三根光导纤维铺设于管道附近0.5 m以内的区域内，如管道附近已有埋设好的通信光缆，可直接将其中的三根光导纤维用于管道泄漏监测系统。

如采用一台终端设备，该系统可直接监测60 km长的管道，如采用一些光信号放大装置，可监测最长达350 km的长度，如对更长距离的管道进行监测则需要在中间安装更多的终端设备。该检测系统不仅可以检测燃气管道的泄漏，而且还可以检测出第三方因施工等破坏管线的行为，并提出预警，使工作人员可以及时采取措施，防止危险行动进一步发生。

该系统需要终端设备及信号放大装置及光导纤维的铺设，因此其成本取决于系统的安装费用，每千米大约几万元人民币。如果是用于海底管道检测，费用将会更高。

三、技术特点

该方法可以检测易于铺设光缆的输油输气等管道，适用于易于铺设光缆的管道周围，对管线泄漏起到监测条件。海况及气象条件对其作业条件影响不大。

由于该系统的传感器是光学器件，不受电磁干扰，因此该系统测试灵敏度较高，同时可使用现有直埋通信系统光缆进行检测，大大降低工程费用。但由于光速传播很快，泄漏点的定位精度是多少尚不清楚；不能区分人为产生的机械振动和管道泄漏引起的机械振动，易产生误报;埋地土壤环境和泄漏方向对检测灵敏度的影响也不清楚,目前该方法的工程应用案例较少。

第二节　射线技术检测技术

一、基本原理

射线技术是由电子设备产生的高能量电磁波,如 X 射线或者 γ 射线。当检测器要求具有敏感性和可重复使用时,X 射线技术是首选的技术。另外的一个优点是能够检测到管道腐蚀监测所需的最小缺陷。

放射源可以安装在管道的任一边,而底片安装在相反的一边,底片通过双层管壁接收 X 射线。这种方法只能用在小直径和薄壁的管道上。放射源也可以放在管道的内部,在管道的周围用底片包裹。这是最普通的方法,能最大程度地检测出焊接和材料的缺陷,从而提高焊接质量。缺陷照片可以由底片洗出。材料缺陷,如裂纹、疏松和焊接缺陷是管道发生腐蚀的主要区域,而这些区域对射线的吸收较少,这些放射源通过腐蚀的管道壁会以不同的颜色深度在底片上表现出来,如图 6.2.1 所示。

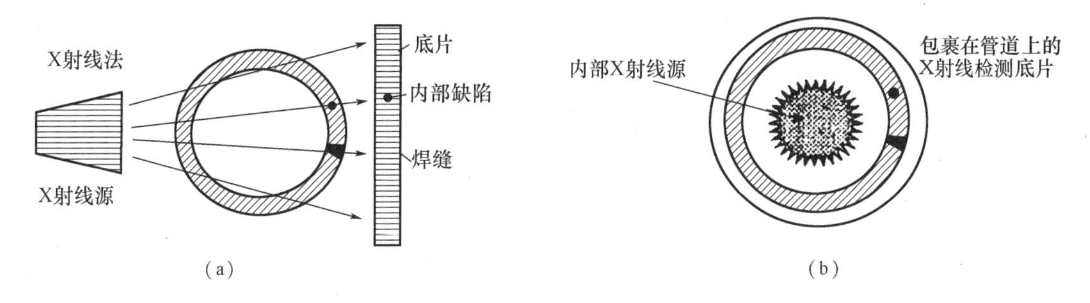

图 6.2.1　X 射线法检测工作原理图

(a)射线源在管道外部;(b)射线源在管道内部

当管道正常运行期间进行射线检测时,唯一可行的办法是在管道外部一边放放射源,另一边放底片。金属丢失区域对射线的吸收比正常管道壁少,从而在底片上显出不同的深度进而度量金属的损失量。射线技术通常是比较麻烦的而且只能用于特殊区域的检测,通常用于弯曲和复杂部位的检测。现代技术主要使用射线照相机而不是底片,能够进行实时检测。

二、检测仪器

下面将以海底管道柔性立管的检测系统为例介绍射线检测技术。

柔性立管包括若干钢材及聚合物的层,具有复杂的结构,一些层会被别的层屏蔽,使得无损检测(NDT)变得困难许多。放射学早已作为一个通用的方法用于无损检测工业射线照相。随着数字技术的进步,数字化放射成像成为工业射线照相可靠和有效的方式。数字的进步已经使水下射线探伤适用于海洋和海底环境与设备一起成为现实。

该技术可以检测壁厚从 12 mm 到 100 mm 的柔性立管,包括多格结构。可以检测的缺陷主要包括:链接锁的丢失,电线开裂,断线,壁厚减少,电线屈曲。如图 6.2.2 所示为柔性立管的检测系统。

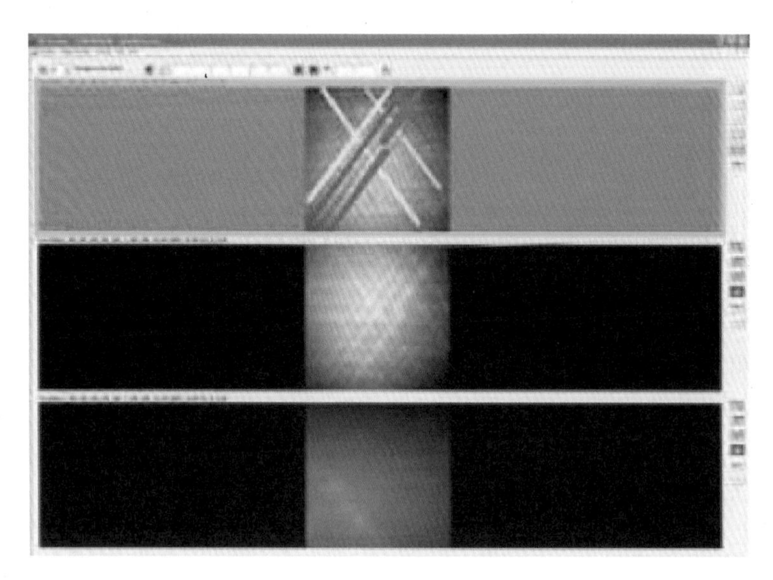

图 6.2.2 射线法检测柔性立管作业

采用射线检测方法，费用大概每千米几万元人民币。因为射线系统需要 ROV 搭载，因此还需要考虑 ROV 的费用。

该检测方法检测海底管道时，需要 ROV 搭载。检测时，其海况及气象条件都应考虑在内。根据 ROV 操作规程规定，当水流速度大于 0.5 m/s、浪高大于 1.5 m、水下能见度小于 10.0 m 或其他环境因素危及潜水员安全时，不应使用 ROV 协同潜水作业。因此其作业条件受以上规定中 ROV 及船舶的作业条件限制。该检测方法适用的水深取决于 ROV 设备的适用水深，通常的 ROV 可以到 300 多米。

三、技术特点

该检测技术的特点是：可以进行离岸原地操作，可以自动识别缺陷，有配套的保护措施（同位素安全监测、射线照相警告视听报警系统、放射性同位素设备安全位置、中央反馈系统），高质量的数码影像，可以进行信息管理和归档。

第三节 RMLD 激光甲烷遥距检测仪

现有的便携式检漏仪都要求探头置于有燃气的环境中，与燃气直接接触。实际现场中，常遇到管道或设施难以到达，甚至不能到达的情况。这就使得管网泄漏巡检效率不高或对某些管段放弃巡检，给燃气管道安全带来隐患。针对这一现象，RMLD 激光甲烷遥距检测仪应运而生。

美国有一款激光甲烷遥距检测仪（RMLDTM）是一种高科技的先进技术，能检测出从远距离泄漏出的甲烷。

一、基本原理

这是一种主动式的探测方法,如图6.3.1所示。激光束由探测器发出后,穿越管道或设施上方空间,射到另一端的目标(如墙、树或柱子等)上,部分被目标反射回到探测器。被反射的光被收集起来并被转换成电信号。这些电信号用来分析甲烷的浓度。通过采用波长模制激光吸收光谱技术,该探测器达到极高的灵敏度。某一波长的光只被甲烷吸收,因此只对甲烷有反应,不受其他气体成分的影响,这大大提高了检测的准确性,消除了误测。

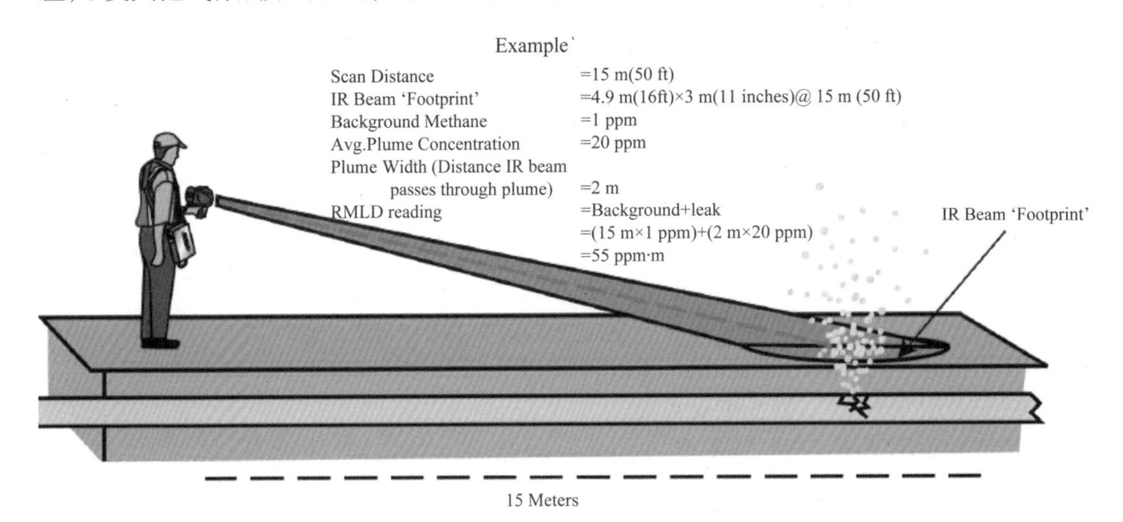

图6.3.1　RMLD激光甲烷遥距检测

二、检测仪器

该系统主要分为四个,如图6.3.2所示。

(1)激光发生子系统,包含激光光源模块及电子模块,用来综合激光和控制信号;

(2)信号处理模块,用来分离和处理被吸收信号;

(3)探测器,包括激光发射器及接收器;

(4)可充电电池盒。

该仪器操作灵活,可便携巡检;也可装在车上进行车载式巡检,遥距检测功能使得一些不能到达或难以到达的地方检测得以实现,只对甲烷有反应。因此对气象条件和其作业条件影响不大,对空气等的能见度要求较低。

该方法可以检测输送甲烷的管道,作业指标为30 m长的范围一次检测完成,最大检测距离为100 m。

该设备每套大约几万元人民币。遥距检测功能使得一些不能到达或难以到达的地方检测得以实现,使得检测成本降低。如果单独装在车上进行巡检,需要考虑车载系统的费用。

三、技术特点

(1)操作灵活,可便携巡检;也可装在车上进行车载式巡检;

(2)对人(即使射到眼睛)、动物及物件无伤害;

图 6.3.2 RMLD 激光泄漏检测仪

(3)30 m 长的范围一次检测完成,大大提高了检测效率;
(4)只对甲烷有反应,检测准确可靠;
(5)遥距检测功能使得一些不能到达或难以到达的地方检测得以实现;
(6)仪器箱内装有甲烷,每次开机时都自动进行标定;
(7)最大检测距离为 100 m。

第七章　化学成分监检测方法

化学成分监测的基本原理是取样分析,当管道路由附近的空气或海水中存在碳氢化合物时,即认为管道发生了泄漏。这种方法所用的关键设备是对碳氢化合物敏感的传感器(嗅探器)。这种传感器即可以固定埋设在管道路由上,也可以搭载在设备上,在管道路由上方巡行检测。

第一节　气体监测法

一、基本原理

该方法主要利用沿管道平行设置的传感器管进行泄漏检测。泄漏发生时,碳氢化合物气体能扩散进传感器管,传感器管定期把收集到的气体输送到碳氢化合物检测站,根据LASP的环境污染监测系统,泄漏位置通过比较传感器管收集到气体的时间和监测站检测到气体峰值的时间来确定。

系统的主要优势在于它是一种泄漏检测的物理方法,并且不依赖压力或者体积监控,这个系统能发现有时不能被软件方法发现的较小泄漏。因此,该系统很适于多流体管道泄漏的检测。

这种泄漏检测系统需要较高的资本投入,但是很少需要维修。检测系统在基站安装,只有传感器管需要沿着管道安装,但是检测器系统可被安装于一个可到达的位置,传感器管能抵抗静水压力。这些优点正适合应用于海底管道的泄漏检测。该检测系统的缺点之一是对泄漏的发生检测较慢,反应时间取决于传感器管输送气体的时间间隔,因此该系统用于低反应泄漏检测而不用于快速反应。它应该和快速检测系统联合使用。

二、检测仪器

LEOS是西门子公司做的外部气体泄漏监测系统。它使用LDPE传感器管道进行泄漏检测。该技术能检测到较小的泄漏,这是以压力或流量平衡为基础的传统泄漏检测方法不能做到的,已经应用于浅水和极地地区管道泄漏检测,也可以用于多相流管道的泄漏检测。缺点是泄漏检测的费用较高,检测到泄漏的时间取决于传感器管道的抽气间隔。

该系统很适于多流体管道泄漏的检测,及用于浅水和极地地区管道泄漏检测,检测的反应时间取决于传感器管输送气体的时间间隔。

这种泄漏检测系统需要较高的资本投入,但是很少需要维修。

三、技术特点

该方法属于气体监测法,因此检测时不受海况和气象条件的影响,不需要船舶、车辆、ROV和潜水员的配合。对水深及埋深、水及土壤导电性无要求。对水中和空气中的能见度要求低。

这种泄漏检测系统需要较高的资本投入,但是很少需要维修。检测系统在基站安装,只有传感器管需要沿着管道安装,但是检测器系统可被安装于一个可到达的位置,传感器管能抵抗静水压力。这些优点正适合应用于海底管道的泄漏检测。该检测系统的缺点之一是对泄漏的发生检测较慢,反应时间取决于传感器管输送气体的时间间隔,因此该系统用于低反应泄漏检测而不用于快速反应。它应该和快速检测系统联合使用。

第二节 碳氢化合物嗅探器实时探测

一、基本原理

NEPTUNE 公司和 CONTROS 公司分别研发的水下碳氢化合物嗅探装置,可以用于海底管道碳氢化合物泄漏的探测。前者研发的嗅探器可以在水下检测出甲烷和甲醇的泄漏;后者研发的嗅探器可以在水中检测到 CO_2、甲烷及量大分子碳氢化合物的泄漏。这两种嗅探器均可用于深水中。

二、检测仪器

该方法适用于在水下检测出甲烷和甲醇的泄漏;或者在水中检测到 CO_2、甲烷及大分子碳氢化合物的泄漏。

该检测仪器如图 7.2.1 所示。

图 7.2.1 水下嗅探器对管道泄漏的检测

嗅探器大约几万元至十几万元人民币一套。检测过程中需要考虑 ROV 或潜水员的费用。

三、技术特点

该方法采用的嗅探器需要 ROV 或者潜水员搭载，因此其作业条件受以上规定中 ROV 及船舶的作业条件限制。根据 ROV 操作规程规定，当水流速度大于 0.5 m/s、浪高大于 1.5 m、水下能见度小于 10.0 m 或其他环境因素危及潜水员安全时，不应使用 ROV 协同潜水作业。该检测方法适用的水深取决于 ROV 设备的适用水深，通常的 ROV 可以到水下 300 多米。

碳氢化合物嗅探器的优点为：

(1)对环境无污染；

(2)能快速准确地检测出海底管道碳氢化合物泄漏；

(3)成本较低，性价比高。

第三节　软管环空状态监测

一、基本原理

软管环空监测是一种相对成熟的针对软管泄漏的在线监测手段。在软管内、外气密层之间，除去铠装层、耐磨层等材料体积外，还存在着一定的空气体积。在软管服役的过程中，随着小分子碳氢化合物的渗透，环空的压力会逐渐上升。如果环空压力持续上升，则会造成气密层鼓泡、破裂，严重的情况还会造成内层抗压铠装压溃。因此正常情况下，会对环空进行定期排空。鉴于以上情况，对环空内压力和空气成分的监测可以掌握软管的状态。

二、检测仪器

Schlumberger 和 Total 公司基本这一原理，开发了一套 SubC - racs 系统，用于监测软管和服役状态。通过该系统可以生成一个环空内气体的实时压力波动曲线，还可以定期对环空内的气体成分进行取样分析。如果软管的内、外气密层发生微小的泄漏，或在渗透气体作用下铠层发生腐蚀，则通过分析会发现环空内气体成分发生明显变化。

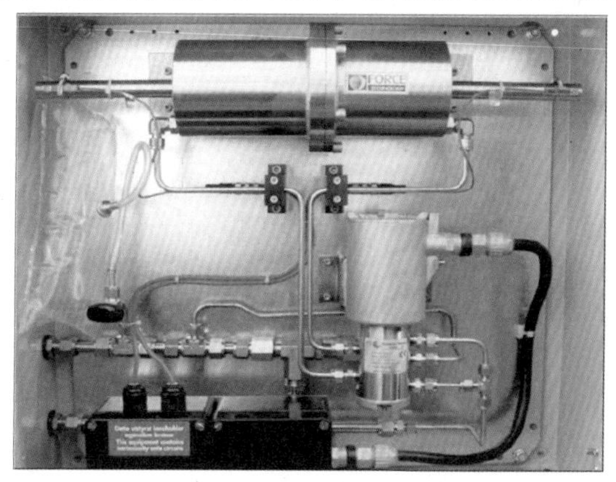

图 7.3.1　软管环空监测系统

该系统大约十几万元人民币一套。仅需考虑安装成本,后期维护费用较低。

三、作业条件

该检测方法属于监测手段,因为检测时不受海况和气象条件的影响,不需要船舶、车辆、ROV 和潜水员的配合。对水深及埋深、水及土壤导电性无要求。对水中和空气中的能见度要求低。

该方法可以用于检测海底软管泄漏,软管环空系统能及时准确地发现软管的腐蚀情况或者泄漏情况,成本较低,性价比较高。

第八章　涡流监检测方法

第一节　磁致涡流检测技术

一、基本原理

涡流检测是运用电磁感应原理,将载有正弦波电流的激励线圈接近金属表面时,线圈周围的交变磁场在金属表面感应电流(此电流称为涡流)。也产生一个与原磁场方向相反的相同频率的磁场,又反射到探头线圈,导致检测线圈阻抗的电阻和电感的变化,改变了线圈的电流大小及相位。因此,探头在金属表面移动,遇到缺陷或材质、尺寸等变化时,使得涡流磁场对线圈的反作用不同,引起线圈阻抗变化,通过涡流检测仪器测量出这种变化量就能鉴别金属表面有无缺陷或其他物理性质变化。涡流检测实质上就是检测线圈阻抗发生变化并加以处理,从而对试件的物理性能做出评价(如图 8.1.1 所示)。

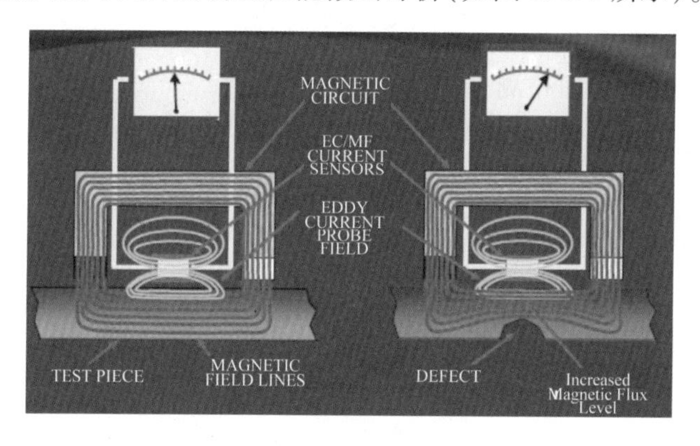

图 8.1.1　涡流检测技术原理

二、检测仪器

由电磁理论可知,随时间变化的电磁场相互转化,当导体中通以交变电流时会在导体内部和周围产生交变的磁场,在交变磁场的作用下,导体中将产生与所加交变电流相反的电动势,表现为交变电流的阻抗。对于涡流检测器其应用时探头线圈中通过交变电流,交变电流在被检导体内形成与其相反的涡旋电流。当被检测物体上有缺陷存在时,所形成的涡旋电流将绕过缺陷,因此所形成的感应电磁场发生变化,从而使耦合后的阻抗发生变化,其变化将在探头上感应出来。可在直流磁场和涡流技术的基础上对柔性立管外部进行360°检测(图 8.1.2 所示为 Innospection 公司的产品)。

该检测方法的费用大概为每千米十几万到几十万元人民币,因为需要 ROV 搭载,还需根据实际海况等另外考虑 ROV 的作业费用。

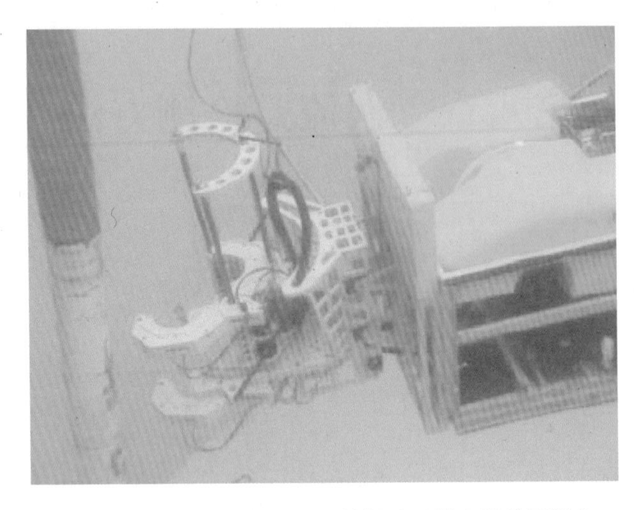

图 8.1.2 Innospection 公司的涡流柔性立管检测设备

三、技术特点

该技术可以用于柔性立管、海底沉箱、海底管道等的检测。

1. 柔性立管的检测特点

(1)外部扫描,可采用 ROV;

(2)柔性立管主管的快速检测;

(3)采用电磁涡流技术;

(4)可进行缺陷的检测,如腐蚀,裂缝等。

2. 立管/沉箱/结构检测的特点

(1)外部扫描,可采用 ROV;

(2)可与超声检测等技术相结合;

(3)可对沉箱,钻井平台的支柱进行快速扫描检测;

(4)可自动行进。

3. 海底管道检测的特点

(1)外部扫描,可采用潜水员或 ROV 配合;

(2)可以穿透最多 200 mm 的涂层进行检测;

(3)采用电磁涡流技术;

(4)可检测侵蚀、腐蚀、裂纹等缺陷。

四、检测作业指标

根据 ROV 操作规程,当水流速度大于 0.5 m/s、浪高大于 1.5 m、水下能见度小于 10.0 m 或其他环境因素危及潜水员安全时,不应使用 ROV 协同潜水作业。涡流检测方法需要 ROV 搭载,因此其作业条件受以上规定中 ROV 及船舶的作业条件限制。该检测方法适用的水深取决于 ROV 设备的适用水深,通常的 ROV 可以到 300 多米。

该方法可在直流磁场和涡流技术的基础上对柔性立管外部进行 360°检测。

第二节　远场涡流法

一、基本原理

内置式探头置于被检测钢管内，探头上有一个激励线圈，还有一个(或二个)检测线圈。激励线圈和检测线圈的距离为钢管内径的2~3倍。激励线圈发出的磁力线(能量)穿过管壁向外扩散，在远场区又再次穿过有表面缺陷的管壁向内扩散，被检测线圈接收。检测线圈接收到的信号幅度和相位都和壁厚有关，利用专用的软件就可测得管壁的厚度，其原理如图8.2.1所示。

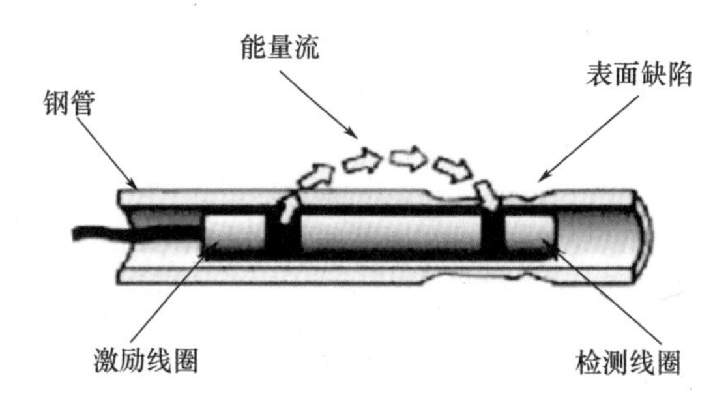

图8.2.1　远场涡流原理示意图

远场效应是20世纪40年代发现的。1951年W. R. Maclean获得了此项技术的美国专利。壳牌公司开发部向Maclean购买了该专利权，在探头的研制中获得了很大的成功，并用来检测井下套管。20世纪50年代壳牌公司的T. R. Schmidt独立地再发现了远场涡流无损检测技术，在世界上首次研制成功检测井下套管的探头，并用来检测井下套管的腐蚀情况。1961年他将此项技术命名为“远场涡流检测”，以区别于普通涡流检测。20世纪60年代初期，壳牌公司应用远场涡流检测技术来检测管线，检测设备包括信号功率源、信号测量、信号记录和处理，做成管内能通过的形式，像活塞一样，加动力之后即可在管线内运动，取名“智能猪”。这是最早的远场涡流管道内检测器。此装置于1961年5月9日第一次试用，一次可以检测80 km或更长的管线。

很多漏磁检测工具都需要和管道紧密接触来检测缺陷大小，但是许多管道内会有水泥砂浆，环氧树脂或聚乙烯蜡等其他杂质，影响漏磁内检测的有效进行。See Snake检测设备是一种基于远场涡流的检测技术，不需要与管道内壁接触，可穿透外防腐层、蜡及无铁磁性的管线。

二、检测仪器

See Snake工具(如图8.2.3所示)有6.3 mm的间隙使得工具通过焊缝内部存在的缺陷。

See Snake检测设备是一种基于远场涡流的检测技术，不需要与管道内壁接触，可穿透外防腐层、蜡及无铁磁性的管线。

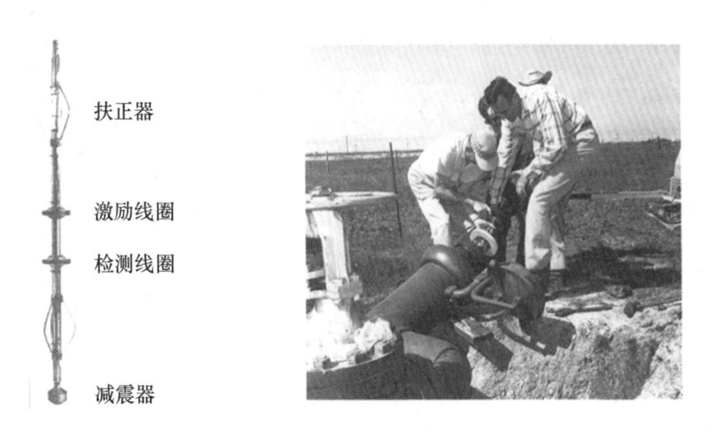

图 8.2.2 早期的远场涡流原理的井下套管检测器(左)和管道智能球(右)

图 8.2.3 See Snake 工具

像真的蛇一样,See snake 工具非常灵活,可以通过 90°角的焊接弯头。See snake 工具完全防水。可借助管道内输送的产品气流或者压缩空气。

如果使用空压机的话,25psig 的压力足以驱动该工具向前推进。

在常见的管壁厚度(0.125″到 0.156″)的检测过程中,速度通常可以达到 1 ~ 2 km/h。

表 8.2.1　检测作业指标

运行时间	最小 5 个小时(可扩展)
速度	1 ~ 2 km/h
传感器	每 0.5″管围一个探头
间隙	工具周围 0.250″(6 mm 以上 ~ 1″(25.4 mm)
内存	每个通道 64 KB 到 2 GB(可扩展)
长度	总长度大约 7″(213 cm)
最小弯曲半径	90°对焊弯头半径为(1.5D)
频率	用户可选:5 ~ 200 Hz
驱动	0 ~ 18 VAC
数据呈现形式	带状图,彩色地图,三维视图和电压
报告	半自动报告数据分析,报告模块内置

See Snake 检测方法属于内检测技术,可以用于检测输送气体的管线,其作业条件不受海况及气象条件的影响,对水深和埋深无要求,对水中及空气中的能见度无要求。无需船舶、车辆、ROV 或者潜水员的配合。在加拿大寒冷的冬季在澳大利亚炎热的夏天都通过了测试,可以进行检测。

采用远场涡流检测技术,可以长距离检测管线,成本较低,可测量的信息较多。其费用大约为每千米几万元。

三、技术特点

See snake 工具的优点如下。

1. 坚固耐用

与漏磁检测工具不同,它没有外部活动部件,所以不会折断或者被三通或其他旁路卡住。这一点在加拿大寒冷的冬季和澳大利亚炎热的夏天进行过测试。内部电池和闪存可扩展性,可以长距离运行。

2. 检测速度快

在常见的管壁厚度(0. 125″到 0. 156″)的检测过程中,速度通常可以达到 1 ~ 2 km/h。所有数据都会被存储,结束运行后可以通过 USB 或蓝牙连接后下载。

3. 可测量信息多

因为该技术使用“远场技术”(通过交流技术传输),能测量剩余壁厚,表面面积(长度和宽度)测量精度是其他技术无法达到的。另外,可以测量压力。管道外部的压力,由于土壤移动,桥接,支撑不足,波动或凹陷,会有局部变化,这些都可以被测量出并快速定位。

4. 该工具可以从表面被探测到

不需要一个额外的“探空”工具跟踪。该工具信号是来自地面上,因为其独特的信号可通过管壁和并在土壤表面间。在地面上可以标记该工具的路径,如果它们被卡在,可以很快找到它们。

5. 可以通过“Pig 发射器”送入管道中

该工具可以通过“Pig 发射器”放入到管道中，或填料箱的切割端、立管、法兰，并可以通过输送产品的气流或者空气压力将工具向前推进至管线尽头或者目标距离点。它们可以用一个标准的 Pig 回收器收回，或可以通过带着工具上的线调回发射点。半自动数据分析，可同时进行分析，创建报告。根据现场条件，分析和报告可以在现场完成。

6. 对管道 360°检测

如图 8.2.4 所示为多通道工具对管道的 360°检测。数据显示管道上有两处缺陷点。和漏磁检测不同，该工具不含磁性。所以很容易向前推进。如果使用空压机的话，25psig 的压力足以驱动该工具向前推进。

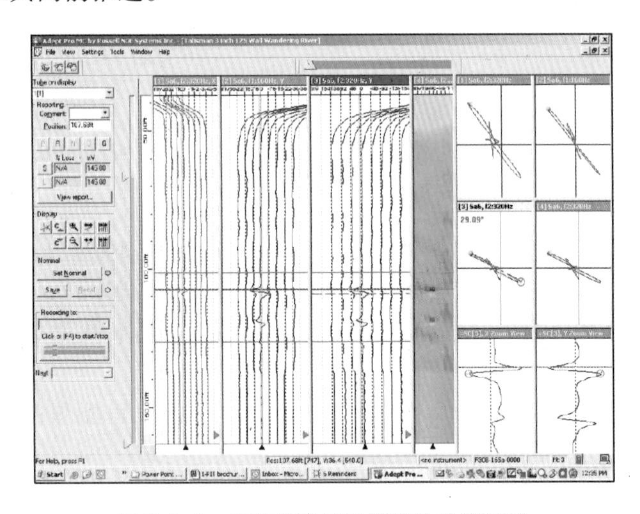

图 8.2.4 多通道工具对管道的检测结果

第九章　其他监检测方法

第一节　质量平衡泄漏检测法

一、基本原理

质量平衡法是以质量守恒为基本原理的，进入管道的流体和流出管道的流体能被检测。流体的质量可以通过管道的尺寸和过程变量，如流量、压力和温度来估计。当管道段的流体质量少于估计的质量时说明泄漏发生。压力法主要用于有压管道，是目前最广泛使用的技术。该技术要求高精度的仪器检测流动、压力和温度变量。软件需要把这些流动变量换算为以质量或体积为单位的流量。检测管道两端泵站的流量并将信号汇总构成质量流量平衡图像，根据图像的变化特征就可以确定泄漏的程度和大致的位置。该方法简单、直观，但由于油品沿管道运行时其温度、压力和密度可能发生变化，管道沿线进出支线较多时，因此这些因素使管道流体的状态及参数变得复杂，影响管道计量的瞬时流量，从而容易造成误检。

质量平衡法（MASSPACK）是对管线中的流体质量的变化进行动态监测的一个质量平衡系统。

该方法监测一段管线中全部的流进和流出的量。每分钟一次，对在该管线里的流体的质量的平衡和变化进行计算并输入到工作于不同时间周期的四个累加器中进行累加。这四个累加器是：

第一累加器监视被（测量）校正过的管线中质量的平衡，其时间周期由用户在1～99 min之内选定；

第二累加器监视前1 h的量；

第三累加器监视前24 h的量；

第四累加器可由用户设置，用于监视前一个月的量，或用于总计流入量，直到人工复位为止。

其中，第四累加器的后一个功能对于批量输送和装卸船舶、储罐特别有用。

该方法能够允许测量的不精确性，可以使用一般输量监测仪表或最简单的流量计，但系统灵敏度直接依赖于仪表的精度。

为了提高检测精度和灵敏度，人们改进了基于时点分析的流量平衡法，改进后的动态流量平衡法在检测精度和灵敏度方面比一般的流量平衡法有所提高。Enviropipe发展公司基于上述方法做出了泄漏检测系统。

二、检测仪器

质量平衡泄漏检测法在所有流入和流出点都配有带专用校准仪的输油监测仪表，同时配有专用的远程终端装置。

质量平衡法属于监测范围，因此其作业条件不受海况及气象条件影响，无需船舶、车辆、潜水员及 ROV 的配合，对管道所处位置的水深及埋深无要求，对水及土壤的导电性无要求。对水中及空气中的能见度要求低。质量平衡法可以用于输油输气管道的检测，但是不能用于多相流体管道的泄漏检测。

该方法成本较低，检测系统及软件均为成熟技术，大约每套几万元人民币。后期维护费用较低。

三、技术特点

质量平衡法是目前最广泛使用的泄漏检测技术，主要依赖于管道设备和 SCADA 系统的软件系统，因此不需要数据采集和额外的设备。不像瞬态模型，它不依赖于详细的管道模拟，所以不要求长时间的调试和操作者的训练。该软件已经用于极地和深水环境，并且已经安装于阿拉斯加和加拿大的管道。缺点是不能用于多相流体管道的泄漏检测，检测精度依赖于管道设备。只有当泄漏引起的压力波传到管道的两端时质量平衡系统才能做出反应。泄漏的判定需要花费较长的时间。如果把质量平衡法与其他检测方法结合起来，检测会更加有效，如 PPA 和质量平衡法结合起来组成一个更有效的泄漏检测方法。

第二节　实时瞬态模型检测法

一、基本原理

实时瞬态泄漏检测法利用质量、动量、能量和决定流速的系统状态方程来进行泄漏检测的。通过比较流动变量的预测值和实测值之间的差异进行泄漏检测。该方法要求测量流动、压力和温度变量并且和上述算法相结合。实时瞬态法通过连续分析噪声水平和正常瞬态情况，尽量减小错误警报。泄漏阈值根据流动变量的统计值进行调节。

二、检测仪器

该系统需要 SCADA 系统及安装在管线上的各种探头或者流量计等装置。

该方法采用数据实时收集及计算，因此其作业条件不受海况及气象条件的影响，无需船舶及车辆的配合，对水和土壤导电性无要求，对水和空气的能见度要求低，无需潜水员及 ROV 配合。

实时瞬态法是费用较高的一种方法，需要大量的设备进行数据采集。模式较复杂，要求使用者进行专业训练。模式可能要求全天的 SCADA 支持，应考虑 SCADA 系统的安装及运行费用。

三、技术特点

该方法应用范围比较广泛，可以用于有压管和无压管道，多流体管道，海底和极地地区的管道泄漏检测。根据实时的运行情况，调节运行警报阈值可以减小误报。能够检测到小于流量百分之一的泄漏。实时瞬态法是一种费用较高的方法，需要大量的设备进行数据采集。模式较复杂,要求使用者进行专业训练。模式可能要求全天的 SCADA 支持。

该系统为实时瞬态检测防腐,因此需要大量设备收集数据,但是可以检测到小于流量 1% 的泄漏,并能及时预报泄漏。

附录A 检测术语

第一章

Defect	缺陷
MFL(Magnetic Flux Leakage)	漏磁
GIP(Geometric Inspection Pigs)	几何外检测球
MTM	磁力层析法

第二章

PCM(Pipeline Current Mapper)	多频管中电流法
ACVG(Alternating Current Voltage Gradient)	交流电位梯度法
DCVG(Direct Current Voltage Gradient)	直流电位梯度法
FSM(Field Strength Meter)	场强计

第三章

Infrared Imaging	红外热成像
FBG(Fiber Bragg Grating)	光纤光栅

第四章

AE (Acoustic Emission)	声发射
EMA (Electromagnetic Acoustic)	电磁超声
UGW(Ultrasonic Guided Wave)	超声导波
NDT(Nondestructive Testing)	无损检测
Ultrasonic flowmeter	超声波流量计
Spider	爬行器
NPW(Negative Pressure Wave)	负压波
PPA (Pressure Point Analysis)	压力点分析法
Hydrophone	水听器

第五章

ROV(Remote Operated Vehicle)	遥控潜水器
AUV (Autonomous Underwater Vehicle)	自治水下机器人
Isotope	同位素
Hydrocarbon	碳氢化合物
Fluorescent agent	荧光剂

第六章

Laser	激光
Ray	射线
Flexible riser	柔性立管
RMLD (Remote Methane Leak Detector)	激光甲烷遥距检测仪

第七章

LASP(Laboratory for Atmospheric and Space Physics)	大气空间物理实验室
Hydrostatic pressure	静水压力
Sniffer	嗅探器
Hohlraum	环空

第八章

ET(Eddy Current Testing)	涡流检测
RFEC(Remote Field Eddy Current)	远场涡流

第九章

Transient	瞬态
Real time	实时